目　次

前　言

本标准按照 GB/T 1.1—2009《标准化工作导则　第1部分：标准的结构和编写》给出的规则起草。

本标准附录A、附录D为资料性附录，附录B、附录C、附录E、附录F为规范性附录。

请注意本文件的某些内容可能涉及专利。本文件的发布机构不承担识别这些专利的责任。

本标准提出和归口单位为中国地质灾害防治工程行业协会（CAGHP）。

本标准由湖北省国土资源厅和湖北省地质局牵头组织。

本标准主要起草单位：湖北省城市地质工程院、中国地质大学（武汉）。

本标准参加起草单位：中煤科工集团西安研究院有限公司、深圳市工勘岩土集团有限公司、中冶集团武汉勘察研究院有限公司、湖北省地质局地球物理勘探大队、广东省地质灾害应急抢险技术中心、北京宝地益联地质勘查工程技术有限公司、湖北省地质局武汉水文地质工程地质大队、湖北地矿建设工程承包集团有限公司、湖北地矿建设勘察有限公司。

本标准起草人：陈少平、唐辉明、易万元、侯国伦、吴礼生、王东升、王贤能、吴军、万凯军、颜克诚、金炯球、刘天林、严君凤、张晴、陈尚丰、帅红岩、章彪、张振涛、张明、李云、何坤、陈卫华、肖道平、陈良平、王建筱、李彦。

本标准由中国地质灾害防治工程行业协会负责解释。

抗滑桩施工技术规程(试行)

1 范围

本标准规定了抗滑桩施工的术语和定义、基本规定、施工准备、挖孔桩桩孔开挖、挖孔桩钢筋制作安装、挖孔桩混凝土浇筑、钻孔桩及微型桩成孔、钻孔桩及微型桩成桩、施工监测、环境保护和安全措施、质量检测与工程验收、抗滑桩维护的要求。

本标准适用于地质灾害治理工程抗滑桩施工,也可用于边坡工程中的抗滑桩施工。湿陷性黄土、冻土、膨胀土和其他特殊性岩土,以及侵蚀环境的抗滑桩工程施工,尚应符合国家现行有关标准的规定。

2 规范性引用文件

下列文件对于本标准的应用是必不可少的。凡是注日期的引用文件,仅注日期的版本适用于本标准。凡是不注日期的引用文件,其最新版本(包括所有的修改单)适用于本标准。

GB 1499.2—2007 钢筋混凝土用钢 第2部分:热轧带肋钢筋

GB 6722—2014 爆破安全规程

GB 50119—2013 混凝土外加剂应用技术规范

GB 50204—2015 混凝土结构工程施工质量验收规范

GB 50666—2011 混凝土结构工程施工规范

GB 50434—2008 开发建设项目水土流失防治标准

GB/T 50502—2009 建筑施工组织设计规范

GB/T 1955—2008 建筑卷扬机

DZ/T 0148—2014 水文水井地质钻探规程

DZ/T 0219—2006 滑坡防治工程设计与施工技术规范

JGJ 18—2012 钢筋焊接及验收规程

JGJ 46—2005 施工现场临时用电安全技术规范

JGJ 52—2006 普通混凝土用砂、石质量及检验方法标准

JGJ 55—2011 普通混凝土配合比设计规程

JGJ 94—2008 建筑桩基技术规范

JGJ 106—2014 建筑基桩检测技术规范

JGJ 107—2016 钢筋机械连接技术规程

3 术语和定义

下列术语和定义适用于本标准。

3.1

抗滑桩 anti-sliding pile

穿过滑体进入滑动面以下一定深度,阻止滑体滑动的柱状构件。

3.2

人工挖孔桩 manual digging pile

由人工挖掘形成桩孔,并在其内放置钢筋笼、浇筑混凝土而做成的桩。

3.3

跳桩施工 separated construction of piles

抗滑桩施工过程中,对桩孔和桩体采取间隔开挖成桩的施工方法,有单桩跳挖、二桩跳挖及多桩跳挖等。

3.4

锁口圈梁 locking shaft

为避免抗滑桩开挖过程中的土石落入、孔口垮塌及地表水灌入,在孔口设置的钢筋混凝土结构。

3.5

护壁 clapboard

为防止挖孔桩孔壁变形及坍塌,保持孔壁稳定及阻隔地下水,沿孔壁逐段开挖浇筑形成的钢筋混凝土围护结构。

3.6

施工地质 construction geology

地质灾害治理工程施工过程中,对揭露的岩土体和地质现象由专业技术人员进行实时的鉴定和记录描述。

3.7

挡土板 retaining slab

用于支挡桩间岩土体变形,在抗滑桩桩间设置的钢筋混凝土板,有现浇和预制混凝土挡土板两种。

3.8

桩顶连系梁 continuous beam of pile-top

设置在抗滑桩桩顶,用于连系抗滑桩桩头,提高抗滑桩整体刚度的钢筋混凝土梁。

3.9

提升机架 elevating bracket

用于挖孔桩挖孔施工的提升机械,由提升机、提升桶及钢丝绳组成。

3.10

水磨钻开挖 saw blades drill excavation

为保护桩孔周围既有建(构)筑物安全,在桩孔基岩段采用水磨钻机具开挖成孔的方法。水磨钻主要由水磨钻机、水磨钻筒和专用水泵组成。

3.11

桩孔地下水排降 groundwater treatment for pile hole

在地下水位之下人工开挖抗滑桩时,采用适宜的措施对地下水进行排降。

3.12

钻孔桩 bored anti-slide pile

采用冲击、回转、旋挖等机械钻进工艺成孔灌注的抗滑桩。

3.13

钻孔桩后压浆 grouting for bored pile

钻孔桩施工完成后，采用后压浆技术对滑带及其附近的岩土体压入水泥等浆液进行加固，以增加其抗剪强度，提高滑坡的稳定性。

3.14

微型桩 micropile

通过机械成孔，安放钢筋或型钢并灌注水泥砂浆或混凝土形成的小直径抗滑桩。

3.15

微型桩后压浆 grouting of mini-pile

通过预先埋设在微型桩中的压浆器将水泥浆用一定压力注入滑带及其附近土体，以提高其抗剪强度。

3.16

施工监测 engineering monitoring

地质灾害治理施工期，对地表和地下一定深度范围内的岩土体与其上建(构)筑物的位移、沉降、隆起、倾斜、挠度、裂缝以及地下水的变化情况进行周期性的或实时的测量与分析。

4 基本规定

4.1 抗滑桩施工应确保质量，做到技术可行、安全可靠、经济合理，并注重保护环境和土地资源。

4.2 抗滑桩工程施工前，应具备详细的勘查和施工图设计资料。

4.3 开工前项目建设单位和监理单位应组织勘查、设计、施工等相关单位进行设计技术交底和图纸会审，并形成记录。施工单位应熟悉工程图纸，明确设计意图，提出设计图的疑点；设计单位提出施工技术要求、质量控制难点及施工注意事项并解答施工疑问。

4.4 施工单位应编制施工组织设计，针对施工质量控制的重点及难点，应制定详细的施工质量保证措施，确保抗滑桩施工质量符合设计和验收要求。抗滑桩施工宜采用和推广新技术、新工艺、新材料和新设备。

4.5 挖孔桩桩深超过 35 m，桩截面大于 10 m^2，以及超深超大截面钻孔桩的施工方案，应进行专家评审论证。

4.6 抗滑桩属于隐蔽工程，施工过程中应做好各种施工和检验记录。

4.7 施工过程中应同步开展施工地质编录工作，记录及追踪施工过程中的地质条件变化情况。对治理工程有重要影响的地质现象应进行专项描述、记录及拍照，并按照信息法施工要求，应将施工地质情况及时反馈给设计单位，并根据施工地质变化情况和监测数据由设计单位做出设计变更。

4.8 抗滑桩施工时应确认并准确记录滑带埋深、厚度以及滑带工程地质特征，并与勘查设计资料对比，如不相符应及时报告监理单位及设计单位。

4.9 施工过程中应采取措施保持地质灾害体的稳定，不得因施工降低地质灾害体的稳定性。

4.10 施工过程中不宜在滑坡体上加载。临时设施建设、施工场地平整、施工道路修筑、施工材料存放、施工弃土堆放等，均不应增加滑坡的附加荷载，降低滑坡稳定性。

4.11 抗滑桩应跳桩施工，滑坡稳定性较差时，应采取二桩跳挖或多桩跳挖，不应通槽开挖或通槽钻孔施工。

4.12 抗滑桩成孔成桩过程中，应保证施工工序的衔接，保持施工的连续性，桩孔成孔后应及时安装钢筋和浇筑混凝土。

4.13 抗滑桩施工材料，包括钢筋、水泥、砂石料、混凝土等，应经检验合格后方可使用。

4.14 制定合理可行的监测方案，应进行施工过程中的滑坡变形监测和施工安全监测，做好监测记录。当出现变形加剧或危及施工安全的情况时，应及时采取应急措施并会同设计单位、监理单位妥善解决。

4.15 重点监测抗滑桩施工区域的变形，主要监测点宜布置在抗滑桩的后缘侧。

4.16 应识别危险源，制定详细的安全保证措施，确保施工人员、周边居民和设施的安全。

4.17 施工期应有防灾应急预案，做好防灾预演，以确保突发灾情时避免或减少人员伤亡和财产损失。

4.18 临建设施应避开可能发生的地质灾害及其影响区域，防止施工期内产生次生灾害。

4.19 施工现场所有设备、设施、配件、安全装置及个人劳保用品应定期检查，确保完好和使用安全。

4.20 抗滑桩施工完成后应对施工质量检验检测，桩的截面尺寸及桩深、桩的钢筋配置及桩身混凝土强度应达到设计要求，工程质量应达到设计和规范的要求。

5 施工准备

5.1 技术准备

5.1.1 施工单位应取得勘查报告、施工图设计及监测资料，收集当地水文气象及地表径流资料等。

5.1.2 组织项目技术管理人员进行现场踏勘，应复核施工区的地质环境、滑坡的特征和变形情况，熟悉施工现场条件，确定抗滑桩的布置位置。

5.1.3 施工单位应向参与施工的人员进行施工技术交底，交待工程特点、技术质量要求、施工工艺方法与施工安全，形成施工技术交底记录。

5.1.4 施工单位在熟悉勘查和设计文件、进行施工现场踏勘的基础上，应选择合理的施工工艺，编制施工组织设计。施工组织设计应符合《建筑施工组织设计规范》(GB/T 50502—2009)的规定，主要内容包括：

a) 工程概况；

b) 施工准备；

c) 施工总平面布置；

d) 主要施工工艺方法；

e) 施工监测；

f) 施工组织及资源配置；

g) 施工设备及材料；

h) 施工进度计划；

i) 施工质量保证措施；

j) 施工安全保证措施及应急预案；

k) 环境保护措施；

l) 冬雨季施工措施；

m) 施工检验及施工资料。

5.1.5 施工组织设计应经施工单位技术负责人审核并报监理单位审批后实施。

5.1.6 施工前应将水泥、钢筋、砂、粗骨料等原材料取样送检，取得材质检验报告。

5.1.7 施工前应进行混凝土配合比试验，现场取得水泥、砂、粗骨料，按设计的桩身混凝土强度和设计施工要求的坍落度，开展配合比试验，并形成配合比试验报告。

5.1.8 对于设计要求或涉及新型复杂的成桩工艺，应进行试成桩，确定成桩工艺参数。设计的施工工艺不合理时，应及时向设计单位和监理单位提出并获得答复。

5.1.9 应完善开工前的报验手续，准备施工技术资料，在取得监理单位批准后方可开工。

5.2 现场准备

5.2.1 施工前应按现场平面布置图的要求规划施工现场布置和临时设施建设，进行临时征地。

5.2.2 修建施工道路，路面宜硬化处理，施工道路应满足施工车辆行驶要求，路堑或路堤边坡应进行必要支挡。

5.2.3 施工用电用水准备，采用工业用电时应有备用的电源，施工水质水量应满足施工及相关规范的要求。

5.2.4 施工用电应进行设备总需容量计算，变压器容量应满足施工用电负荷要求，施工用电的布置应执行《施工现场临时用电安全技术规范》(JGJ 46—2005)的相关规定。

5.2.5 施工材料堆放及加工场地宜靠近治理工程区，并避免堆载对滑坡造成影响。应做好堆场排水措施，场地宜硬化处理。

5.2.6 钢筋水泥等应架空置放并做好防水防雨措施，架设防雨棚，砂石堆场应分类隔挡。

5.2.7 进场钢筋应按规格、型号、批号分开堆放，并挂标识牌，注明钢筋的型号、批号、检验状态。

5.2.8 合理规划施工用生产区及生活区，生产区和生活区宜分开，并应符合相关安全文明工地的要求。

5.2.9 抗滑桩施工现场应设临时截排水沟，抗滑桩的后缘侧应设置临时截水沟。地表水不得冲刷施工场地，不得流入桩孔之内。

5.2.10 应平整抗滑桩施工场地，沿布桩线修建临时施工道路，用于弃土外运及施工材料的运输。

5.2.11 进场设备应进行验收，设备性能应能满足施工要求，并做好施工设备安装、调试等准备工作。

5.2.12 应组织适量的施工材料进场，进场材料应有出厂合格证。

5.2.13 施工前应选择合适的弃土场地，弃土边坡应保持稳定，弃土坡脚宜设置挡土墙，必要时进行压实整平，设置截排水沟及边坡绿化。

5.3 测量定位

5.3.1 建设单位或监理单位应向施工单位移交测量基准点，测量基准点一般不少于3个，应对基准点测量复核，经复核基准点满足要求后，方可作为施工放线的基准点。

5.3.2 测量人员应熟悉设计图，并根据现场情况编制测量放线图，制定测量放线方案，包括测量方法、计算方法、操作要点、测量仪器、专业人员要求及测量组织等，测量方案报监理工程师审核后再实地放线。

5.3.3 测量放线仪器应定期检查，测量仪器的精度应满足要求。

5.3.4 应按工程测量要求布设测量控制网点和监测系统，测量控制网点应建立在滑坡之外，且能够控制整个施工场地，并设固定标识妥善保护，施工中定期复测。

5.3.5 测放抗滑桩的轴线，并用木桩或钢筋定位桩轴线。桩轴线定位桩在挖孔桩施工期应予以保留，并定期复测。

5.3.6 抗滑桩施工过程中应测量复核桩的垂直度，抗滑桩的垂直度偏差应控制在允许范围。

5.3.7 抗滑桩工程竣工后及时按要求进行竣工验收测量，确定桩位及桩顶高程偏差，编制竣工桩位图及相关图件。

6 挖孔桩桩孔开挖

6.1 一般规定

6.1.1 按设计桩位测量放线，桩孔现场位置应与设计坐标一致，设置的桩轴线定位标志在施工期应保留并定期复核。

6.1.2 挖孔桩的施工次序应根据滑坡的稳定性确定，宜采取先两侧后中部的开挖顺序。

6.1.3 挖孔桩应间隔跳桩开挖，在桩身混凝土强度达到70%后方可开挖相邻桩孔。

6.1.4 设置多排抗滑桩时不宜同时进行上下排桩施工，应根据滑坡推力的特点，由设计单位确定先行施工的排桩。

6.1.5 挖孔提升机架的设备性能及安全性能应符合要求，提升机架宜采用摇摆旋转式电动提升架，也可采用跨孔门式架。提升桶容积应合理，提升机架的提升能力应与提升桶配套，电葫芦卷扬与钢丝绳强度应有足够的安全储备。

6.1.6 挖孔桩的提升机架支撑应牢固稳定，提升卷扬应有防倾倒装置，旋转臂长应能使提升桶居中，电葫芦卷扬应安全可靠并配备自动卡紧保险装置，提升桶的吊钩应有防脱保护装置，钢丝绳无断丝。

6.1.7 提升机架及其他机具使用前应进行仔细的安全检查及检验，确保机具安全使用。

6.1.8 滑带位置应经勘查、设计、监理、施工方共同勘验确认，详细记录和描述滑带的工程地质特征，并拍照和取样留存。

6.1.9 开挖的弃渣应及时外运，不应堆放在孔口附近和滑坡变形区。

6.1.10 桩孔断面尺寸及桩孔深度应符合设计要求，如滑面埋深与设计的埋深不相符时，应报告监理单位及设计单位，如需设计变更应按批准的设计变更文件进行施工。

6.1.11 趋于临滑状态的滑坡不得进行桩孔开挖，应在滑坡趋于稳定后才能进行挖孔作业。

6.1.12 施工过程中遇地下水时，应采取防范和处置措施，保证施工人员安全和混凝土浇筑质量。

6.1.13 开挖至桩底后，应清理孔底的残渣，疏干孔底积水，用混凝土进行封底，并预留集水坑。封底混凝土强度与桩身相同，厚度不小于200 mm。

6.1.14 挖孔桩锁口圈梁上应设置防护栏杆，非施工人员不应靠近开挖孔口。锁口圈梁宜高出地面200 mm，不应向孔内抛丢物件，防止提升桶及开挖土石落入孔内。孔内施工时孔口应有专人值守，暂停施工的桩孔应对孔口覆盖保护。

6.1.15 挖孔桩内应设置上下安全爬梯，爬梯应安装牢固、吊挂稳定，上下孔底及孔口的人员应挂安全绳，严禁施工人员使用卷扬机、提升桶、人工拉绳子或脚踩护壁凸缘上下桩孔。

6.1.16 提升机架提升过程中，提升桶应置于桩孔中部，提升桶不应碰挂护壁。

6.1.17 桩孔开挖过程中应经常检查孔内有毒有害气体和缺氧情况。孔深超过10 m，或有毒有害气体超标、氧气不足、桩孔暂停施工后，均应采取向作业面送风措施。孔下爆破后应先向孔内通风，待炮烟粉尘全部排除后方可下孔作业。

6.1.18 挖孔桩桩孔开挖过程中，提升桶装料应均衡，装料面应低于提升桶边沿面。提升机架应由专人操作。开始提吊时应有联系信号，统一指挥，慢速起吊，平稳提升。

6.1.19 孔内应设安全挡板，提升桶提升过程中孔内人员应处在挡板下。

6.2 锁口圈梁及护壁施工

6.2.1 桩孔锁口圈梁宜高出地面 200 mm，地面宽度不宜小于 400 mm，孔口护壁厚度不宜小于 150 mm；混凝土强度满足设计要求并不低于 C20。锁口圈梁应设置安全防护栏，雨季施工时应搭设防雨棚。

6.2.2 锁口圈梁应包括以下施工工序：测量定位、孔口开挖、钢筋绑扎、复核桩心位置、支模、浇筑混凝土、混凝土养护、拆模。

6.2.3 应测放锁口圈梁的四个角点并做好标记，开挖后安装模板时，应校正模板位置，校核桩中心点位置，锁口圈梁浇筑成型后在四边设对中十字控制点。

6.2.4 桩孔采用钢筋混凝土护壁，护壁的厚度、强度及配筋应符合设计要求。护壁厚度不小于 100 mm，混凝土强度不低于 C20，符合《滑坡防治工程设计与施工技术规范》(DZ/T 0219—2006)的规定。护壁混凝土可掺加早强剂，以缩短脱模时间。

6.2.5 护壁混凝土宜采用细石混凝土。现场搅拌混凝土时应取样进行配合比试验，混凝土的坍落度宜为 5 cm～8 cm。

6.2.6 挖孔桩开挖时应随挖随浇筑护壁混凝土，每节护壁挖土后，应立即浇筑混凝土护壁，每节护壁高度不应大于 1.2 m，上节混凝土护壁与下节护壁应按设计要求搭接。典型挖孔桩护壁结构参见附录 A。

6.2.7 护壁应包括以下施工工序：桩孔开挖、护壁钢筋绑扎、吊线确定桩孔中心点、支模、浇筑混凝土、混凝土养护、拆模。

6.2.8 护壁钢筋宜在地面制作成型后于孔内安装，钢筋安装在孔壁与模板中间。相邻护壁竖向钢筋两端宜制成弯钩进行上下搭接，弯钩回弯长度应不小于 100 mm。

6.2.9 护壁模板采用组合式钢模板或组合式木模板拼装而成，模板采用“U”形卡连接，并设十字支撑顶紧。护壁模板定位应准确，支撑系统应牢固，不应因浇筑护壁混凝土产生模板失稳变形。护壁模板应在混凝土强度达到 50%后方可拆除。

6.2.10 开挖过程中应控制桩的垂直度，每节护壁模板安装时应用桩中心点校正模板位置，每节护壁的中心应与桩的中心一致。

6.2.11 护壁混凝土采用小直径振捣棒配合钢钎振捣密实，确保与孔壁接触良好。护壁应光滑平整，不应有残挂混凝土。

6.2.12 护壁的厚度、强度以及配筋应满足护壁安全稳定的要求，淤泥类软土、流砂、填土、膨胀土等易变形岩土层段应根据岩土侧压力验算护壁的结构稳定性，必要时采取加强措施。

6.2.13 淤泥类软土、流砂、填土、膨胀土等易变形土层开挖时，应减小分节护壁的高度，分节高度可为 0.5 m～0.8 m，也可采取临时支撑，设置短锚杆等措施，保证孔壁稳定。

6.2.14 孔壁为完整的基岩，其节理裂隙不发育时，可减少护壁厚度，完整基岩孔壁稳定且无地下水渗流时可取消护壁。

6.2.15 基岩段也可采用喷射混凝土施工方法进行护壁，开挖后及时挂网喷射混凝土。

6.2.16 在透水层孔段的护壁宜预设泄水孔，泄水孔的布置应根据地下水渗流情况确定，浇筑混凝土前堵塞泄水孔。

6.2.17 护壁后的桩孔净断面不小于桩身设计断面尺寸。桩孔应保持垂直，其竖向垂直度允许偏差不大于 0.5%。

6.3 土层开挖

6.3.1 土层由人工进行逐层开挖，挖土顺序为先中间后周边。开挖面应保持均衡，开挖土方应及时提升至孔外。

6.3.2 桩孔开挖采用边开挖边护壁的作业方式，下节桩孔开挖应在上节护壁混凝土浇筑完 12 h 后进行。

6.3.3 当开挖过程中因流砂、淤泥、膨胀岩土、松散填土及地下水鼓冒造成孔壁严重垮塌、上节护壁破裂等突发事故时，应立即进行桩孔回填，回填高度应不低于破损护壁的顶面。

6.3.4 开挖后的桩孔尺寸应达到设计要求，孔壁应大面平整，孔壁横平竖直。

6.3.5 块石及孤石中开挖时，孔壁交接处的块石应人工凿除，不得在孔壁内形成影响护壁稳定的空腔。

6.3.6 块石及孤石人工开挖较困难或大块石无法装运时，可采用爆破法或机械破碎法，应避免因振动和飞石造成护壁的破坏及人员伤害。

6.4 岩层开挖

6.4.1 岩层开挖可采用人工、爆破及水磨钻等开挖方法，应根据节理裂隙发育程度、岩石强度、滑坡稳定状况及周边环境等选择开挖方法。

6.4.2 坚硬岩层或孤石采用风镐凿除困难时可采用松动爆破方式开挖。爆破过程中应采取专项施工措施保护建(构)筑物安全，并监测建(构)筑物的变形。

6.4.3 基岩孔段爆破一般采用微振动钻孔控制爆破，爆破深度应控制在 0.3 m～0.5 m。

6.4.4 爆破孔应采用 ϕ42 的小直径钻孔，使用 ϕ32 的管装乳化炸药。爆破钻孔呈梅花形布置，钻孔布置见图 1。

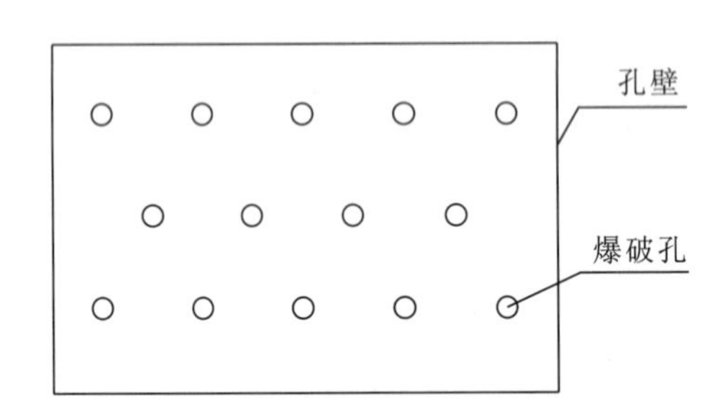

图 1 爆破钻孔布置示意图

6.4.5 爆破开始前在现场测试爆破振动，取得振动衰减参数，及时调整爆破方法，降低爆破振动，确保爆破安全。

6.4.6 采用微差控制爆破技术，每段微差时间不应小于 25 ms，单段最大药量和一次爆破规模应根据振动衰减规律和爆破分段数严格控制。

6.4.7 石方爆破开始前，应对周围建(构)筑物进行详细调查登记，包括房屋的结构现状和变形情况，并依据结构特征和国家标准给出各自的爆破振动安全允许值。

6.4.8 为控制飞石危害，爆破孔口应进行安全防护覆盖，孔口加压砂包，爆区表面用竹笆覆盖。

6.4.9 雷雨天气时不宜进行桩孔爆破作业，周围有管线时，爆破前应测量杂散电流值，如杂散电流超过规定值，则应采用抗杂散电流的特殊电雷管。爆破时应实施严格的安全警戒，警戒信号要明显。

6.4.10 岩层可采用静态爆破，应制定静态爆破方案，爆破孔的间距、深度及装药量应试验确定。

6.4.11 桩孔邻近既有建（构）筑物不能爆破开挖时，基岩段可采用水磨钻分层钻掘。根据岩石强度、桩孔直径及现场供电等情况选择适宜的水磨钻机，钻机须具有足够的扭矩及钻进速度。

6.4.12 水磨钻钻孔布置：开槽形式有“回”字形和“田”字形，钻孔间距及排距可根据岩石强度及裂隙发育程度现场确定。

6.4.13 水磨钻钻孔参数确定：

a) 孔距：钻孔直径的85%～90%；

b) 孔径：130 mm～160 mm；

c) 深度：根据选用的钻机单次进尺确定合理的单次钻进深度，一次钻深宜0.4 m～0.6 m。

6.4.14 水磨钻钻孔取芯完成后应凿除孔间突出的齿状岩块，确保桩孔尺寸符合设计要求。

6.4.15 凿除的石渣装入提升桶内并用提升机架吊出孔外。石渣不得露出桶外，且集中堆放于安全稳定的地段。

6.5 桩孔地下水排降

6.5.1 应根据开挖岩土层的水文地质条件，包括地下水位、径流条件和岩土层赋水及渗透特征等，确定地下水的降排方法，并做好施工过程中地下水出水点及渗流量记录。

6.5.2 对于地下水位较高、土层中有强渗透的砂卵石层，或岩层中节理裂隙发育、水文地质条件较复杂的不利场地，应制定地下水排降方案。

6.5.3 开挖过程中水量较少时可采用提桶排水，将渗水与开挖土石提升至孔外。

6.5.4 开挖过程中渗水量较大时应在孔内开挖集水坑，使用具有漏电保护装置的水泵抽排至孔外，孔内作业人员应穿着绝缘筒靴。

6.5.5 应控制挖孔桩排降水对周边建（构）筑物的影响，地下水排降不得造成建（构）筑物沉降。

6.5.6 强透水岩土层孔内排水困难时，可在桩孔外施工降水井，预先疏排地下水。降水井的位置及数量应经计算确定。

6.5.7 桩孔抽排的地下水应引出至地表排水沟，不得回流到滑坡体内。

6.5.8 岩土层中的渗水可采用水泥添加水玻璃等堵水剂进行封堵，堵水前应先设置引水孔。桩身混凝土浇筑前应封堵所有的漏水点，排干孔底的积水。

6.6 质量检验

6.6.1 桩轴线及桩位的复核检验，其桩孔位置应符合设计要求，桩的承力面均应与桩轴线平行。

6.6.2 护壁和锁口圈梁定位及尺寸、钢筋强度等级及配置、混凝土强度应符合设计要求。

6.6.3 桩孔尺寸、孔深、垂直度应符合设计要求。

6.6.4 挖孔桩嵌固滑床的深度应符合设计要求。

6.6.5 成孔过程中应检查桩位及桩深，逐段检查桩孔断面尺寸、桩身倾斜度和护壁质量。挖孔质量控制指标：

a) 桩位偏差为±10 cm；

b) 孔深偏差＜10 cm；

c) 桩身垂直度偏差＜0.5%；

d) 桩身方位角偏差＜2°；

e) 桩身截面尺寸≥设计尺寸。

7 挖孔桩钢筋制作安装

7.1 一般规定

7.1.1 挖孔桩钢筋的制作和安装应严格按设计图施工，钢筋强度等级及钢筋配置数量和长度应符合设计要求。

7.1.2 施工中当钢筋的品种、级别或规格需作变更或替换时，应征得建设单位和设计单位同意，并按照设计变更文件执行。

7.1.3 钢筋质量应符合设计及检验要求。进场钢筋均应检查产品合格证和出厂检验报告，符合《钢筋混凝土用钢　第2部分：热轧带肋钢筋》(GB 1499.2—2007)的规定，并应按规定进行现场见证取样送检，检验合格方能使用。

7.1.4 小截面挖孔桩钢筋笼应在地面制作成型后，分段在孔口连接吊装。大截面挖孔桩竖筋、箍筋、加强筋应在孔外预制成型，分段吊放至孔内安装成型。

7.1.5 钢筋的表面应洁净、无损伤，使用前应将表面的油渍、漆皮、鳞锈等清除干净，不应使用带有颗粒状或片状老锈的钢筋。

7.1.6 竖筋安装前应由地质工程师对滑带的位置进行交底，竖筋的搭接不得在岩土界面和滑动面附近。

7.1.7 钢筋应力计、土压力盒、声测管及锚索预留孔等预埋件应按设计要求同步安装，并注意测试仪器的受力方向是否符合滑坡主要推力方向的要求。

7.1.8 竖筋应采用HRB400及以上的高强度钢筋，直径不宜小于20 mm，也可采用型钢。

7.1.9 针对挖孔桩受弯构件的特点，应推广使用高强度钢材，宜采用高强度的新型钢筋。

7.1.10 桩底如采用植筋处理，其工序为：成孔、安装钢筋、注浆等。钢筋配置和注浆体强度应达到设计要求。

7.2 钢筋制作

7.2.1 应将电焊机、钢筋调直机、钢筋切割机、套丝机、对焊机、箍筋及加劲筋制作台、支架和卡板等钢筋加工设备及工具调试安装到位。

7.2.2 应设置专用的钢筋制作场地，集中加工制作钢筋，场地面积及平整度应满足现场制作要求，并作硬化处理。

7.2.3 钢筋可采用机械或人工调直，优先采用机械调直。经调直后的钢筋不得有局部弯曲、死弯、小波浪形，其表面伤痕不应使钢筋截面减少5%。

7.2.4 水平箍筋或拉筋加工应按设计图纸和规范要求进行，箍筋末端应做成弯钩，弯钩的形状及平直部分的长度应符合规范要求。加工后的半成品宜分类码放，并注意加强保护。堆置不可过高，不得引起半成品的变形，不应污染油污及泥浆。

7.2.5 型钢可采用工字钢、槽钢及角钢等，型钢材质及尺寸应符合设计要求，并现场制作成型。

7.2.6 预埋件应现场制作成型，其材质及尺寸应符合设计要求。

7.3 钢筋安装

7.3.1 竖筋宜采用直螺纹套筒连接，也可采用闪光对焊连接，不得采用电渣压力焊连接，钢筋套筒连接、焊接或其他连接应按要求抽样送检，焊接施工应满足《钢筋焊接及验收规程》(JGJ 18—2012)

的规定。接头点应按规范要求错开。

7.3.2　直螺纹连接应符合《钢筋机械连接技术规程》(JGJ 107—2016)的规定,接头的等级宜为Ⅰ级。

7.3.3　直螺纹连接的套筒尺寸及质量、钢筋端部螺纹加工质量应符合要求,钢筋端部螺纹加工完成后,应对螺纹加以保护。丝头在套筒中央并相互顶紧,应采用专用扭矩扳手抽检。

7.3.4　竖筋的接头应错开,同一截面竖筋接头数量不应超过50%,其中抗弯面竖筋的接头数量不应超过30%。

7.3.5　箍筋应与每根(束)主筋绑扎或焊接,箍筋的间距、肢数及布置应符合设计要求。

7.3.6　锚拉桩的锚垫基座应按设计要求配筋,基座定位应准确。

7.3.7　锚拉抗滑桩的锚孔应预埋管,管体的材质、孔径及壁厚应符合设计要求,宜采用厚壁PVC管,也可采用钢管,预埋管的定位应准确,其方位角与倾角应满足设计要求。

7.3.8　竖筋可采用束筋,每束不多于3根。如配置单排钢筋有困难,可设置2排或3排,排距宜控制在120 mm～200 mm之间。

7.3.9　竖筋净间距不宜小于120 mm,布筋困难时可适当减少净间距,但不应小于80 mm。

7.3.10　挖孔桩桩身钢筋在桩孔内安装,钢筋要求定位准确牢固,钢筋笼与护壁间用水泥砂浆垫块隔开,以留出保护层厚度。受力钢筋的保护层厚度不得小于50 mm,宜采用70 mm。

7.3.11　对于悬挂的竖筋,应有固定钢筋的措施,可采取上拉下撑的固定方法。

7.3.12　抗滑桩采用型钢时,型钢制作安装应满足受拉构件钢结构施工规范要求。

7.3.13　采用预应力筋时,应采用后张法施工,施工工序:预应力筋制作加工、安装预应力孔管、桩端固定预应力筋、浇筑桩身混凝土、混凝土养护、预应力筋张拉锁定、孔内注浆充填。

7.4　质量检验

7.4.1　标准型直螺纹套筒连接接头安装后的外露螺纹不宜超过2个螺距,并采用扭矩扳手抽检。

7.4.2　直螺纹套筒连接扭矩扳手,拧紧扭矩值应符合本标准表1的规定。

表1　直螺纹接头安装时的最小拧紧扭矩值

钢筋直径/mm	≤16	18～20	22～25	28～32	36～40
拧紧扭矩/(N·m)	100	200	260	320	360

7.4.3　钢筋焊接制作应对钢筋规格、焊条规格、焊条品种、焊口规格、焊缝长度、焊缝外观和质量、主筋和箍筋的制作偏差等进行检查。

7.4.4　在浇筑混凝土前,应按照有关施工质量要求对钢筋笼安放的实际位置等进行检查,并填写相应的质量检查记录。

7.4.5　钢筋质量及钢筋配置数量符合设计要求,钢筋焊连接应现场见证取样。

7.4.6　钢筋加工的形状、尺寸应符合设计要求,其偏差应符合表2的规定。

表2　钢筋加工的允许偏差

项目	允许偏差/mm
受力钢筋顺长度方向全长的净尺寸	±10
弯起钢筋的弯折位置	±20
箍筋内净尺寸	±5

7.4.7 钢筋笼制作和安装允许偏差应符合表3的规定。

表3 钢筋笼安装位置的允许偏差和检验方法

<table>
<tr><th>项次</th><th colspan="2">检查项目</th><th>允许偏差/mm</th><th>检查方法及频率</th></tr>
<tr><td>1</td><td colspan="2">受力钢筋间距</td><td>±20</td><td>尺量:每构件检查2个断面</td></tr>
<tr><td>2</td><td colspan="2">箍筋间距</td><td>±10</td><td>尺量:每构件检查5～10个间距</td></tr>
<tr><td rowspan="2">3</td><td rowspan="2">钢筋骨架尺寸</td><td>长</td><td>±10</td><td rowspan="2">尺量:按骨架总数30%抽查</td></tr>
<tr><td>边长</td><td>±5</td></tr>
<tr><td>4</td><td colspan="2">骨架中心平面位置</td><td>20</td><td>全站仪:每桩检查</td></tr>
<tr><td>5</td><td colspan="2">钢筋骨架顶面高程</td><td>±50</td><td>水准仪:测每桩骨架顶面高程</td></tr>
</table>

8 挖孔桩混凝土浇筑

8.1 一般规定

8.1.1 根据桩身混凝土强度设计要求,应进行配合比试验,配合比试验原材料应现场见证取样,混凝土强度及坍落度应达到设计要求。

8.1.2 挖孔桩宜优先采用商品混凝土,场地远离城镇时可使用现场搅拌混凝土。

8.1.3 碎石、砂及水泥原材料的质量应符合要求,碎石粒径宜为3 cm～5 cm,碎石粒径不应大于钢筋净距的1/3,其级配、含泥量及压碎指标应符合《普通混凝土用砂、石质量及检验方法标准》(JGJ 52—2006)的要求。

8.1.4 混凝土用砂宜为中粗砂,其含泥量应不超过2%。对海砂还应按批检验氯盐含量,检验结果符合《普通混凝土用砂、石质量及检验方法标准》(JGJ 52—2006)规定后方可使用。

8.1.5 碎石、砂及水泥原材料均应见证取样,经检验合格后方可使用。

8.1.6 水泥堆场应设防雨棚,不得露天堆放,地面垫高并铺设防潮层。

8.1.7 混凝土的搅拌场地应选择安全及运输条件便利之处。场地宜硬化处理,混凝土制备能力应满足最大截面单根桩连续浇筑成桩要求。

8.1.8 搅拌机应采用强制式,搅拌机数量应满足混凝土浇筑进度要求,现场配置不应少于2台。

8.1.9 现场应配备备用发电机组,并设混凝土搅拌专用的蓄水池,蓄水池容量不小于浇筑单根桩混凝土用水量。

8.1.10 挖孔桩混凝土应连续浇筑,分层振捣密实。

8.1.11 现场搅拌的混凝土采用料车输送或混凝土泵输送,场地窄小、料车输送困难时,应采用泵送混凝土。

8.1.12 挖孔桩桩顶连系梁施工应满足《混凝土结构工程施工规范》(GB 50666—2011)的规定,挖孔桩的主筋应锚固在连系梁中。

8.1.13 埋入式挖孔桩桩孔空孔部分应按设计要求回填,回填土应分层夯实,回填土的土类及性质宜与桩周土基本一致。

8.2 混凝土浇筑

8.2.1 现场搅拌的混凝土配合比应符合《普通混凝土配合比设计规程》(JGJ 55—2011)的要求,料车输送混凝土坍落度宜为 5 cm～8 cm，泵送混凝土坍落度宜为 12 cm～16 cm。

8.2.2 采用现场搅拌混凝土时，搅拌时间应达到要求，其强制式搅拌机搅拌时间不少于 2 min。

8.2.3 现场搅拌混凝土应按试验配合比配置水泥、砂石、水及外加剂等，采用重量法或体积法配置原材料时，其量测器具应符合要求。

8.2.4 混凝土外加剂应有质量证明书，并应符合《混凝土外加剂应用技术规范》(GB 50119—2013)的规定。外加剂掺量应符合要求，并做配合比试验。

8.2.5 混凝土不得从孔口直接浇筑，应采用串筒浇筑，串筒下口与混凝土面距离宜为 1 m～2 m，串筒应固定可靠，最后一节串筒应倾斜。

8.2.6 桩孔深度超过 30 m 时，不宜采用串筒浇筑，宜采用泵送混凝土至桩孔孔底。采用泵送混凝土浇筑时，布料管管口不得高于混凝土面 2.0 m。

8.2.7 混凝土应连续浇筑，分层振捣。每浇筑 0.4 m～0.6 m 时，应插入振动棒振捣，振捣范围应覆盖桩孔全截面，混凝土保护层不得漏振。

8.2.8 混凝土应振捣密实，也不应过振，振捣过程中应保护钢筋及预埋件，不应造成其位移及损坏。

8.2.9 混凝土浇筑过程中，应在孔口取样做坍落度检验，其坍落度应符合要求。

8.2.10 在护壁上标注桩顶的位置，连续浇筑混凝土至桩的顶面，待混凝土凝固后在桩顶作桩号标记。

8.2.11 桩顶高出地面的挖孔桩，应支设模板，分层浇筑，模板定位及安设应符合混凝土施工规程要求。

8.2.12 浇筑混凝土前应排干孔底的积水，封堵地下水渗水点，并清除孔底土石等沉渣。

8.2.13 若地下水丰富，疏干孔底积水困难时，则应采用水下混凝土灌注，导管数量及混凝土坍落度等应满足水下混凝土灌注要求。桩截面面积大于 4 m^2 时，灌注导管数量应不少于 2 根，混凝土坍落度宜为 18 cm～22 cm。

8.2.14 混凝土浇筑过程中应及时修复可能出现的钢筋位置错动或脱落。

8.2.15 每根桩桩身混凝土浇筑过程中，应取样做混凝土试块。混凝土试块取样要求：桩截面短边边长不大于 1.2 m 时，取 1 组试块；短边边长为 1.2 m～1.6 m 时，取 2 组试块；短边边长为 1.6 m～2 m时，取 3 组试块；短边边长大于 2 m 时，试块数量不少于 4 组。现场搅拌混凝土当所用水泥批次发生变化及不同班组搅拌时，应增加试块数量。

8.2.16 挖孔桩桩头混凝土应及时用麻袋、草帘等加以覆盖并浇水养护，养护期不得少于 7 d，冬季施工的混凝土不得受冻害。冬雨季浇筑桩身混凝土应提前作好混凝土专项施工方案。

8.2.17 大截面挖孔桩混凝土量较大时，宜按照大体积混凝土的施工技术要求进行配合比设计和施工，防止产生混凝土开裂。

8.2.18 锚拉抗滑桩的施工工序应为：挖孔施工、锚孔定位、预埋锚索孔管、浇筑桩身混凝土、锚索施工、张拉锁定、封锚。

8.2.19 锚索注浆体及抗滑桩强度达到要求后，应进行张拉锁定及封锚，张拉锁定的荷载应符合设计要求。

8.3 桩间挡土板施工

8.3.1 挡土板有现浇和预制两种，挡土板施工应安排在挖孔桩之后进行。

8.3.2 现浇混凝土挡土板施工应包括以下工序：基槽开挖、钢筋制作安装、模板安装、混凝土浇筑及养护、回填土等。

8.3.3 挡土板基槽开挖过程中应采取措施保证边坡稳定。开挖深度小于 5 m 时可采取放坡开挖，开挖深度大于 5 m 则应有专项的开挖支护方案。

8.3.4 挡土板钢筋制作与安装、模板支撑、混凝土浇筑与养护等应满足混凝土施工技术规范要求，并按设计要求设置排水孔及反滤层。

8.3.5 挡土板的模板支撑应牢固，挡土板较高时应分层支模及浇筑混凝土，每层浇筑高度不宜超过 4m。

8.3.6 挡土板钢筋与桩的连接可采用植筋连接或挖孔桩预埋筋连接，应保证挡土板与桩连接稳固。

8.3.7 现浇挡土板应与桩身混凝土连接，应凿除护壁混凝土，凿毛桩身混凝土后再浇筑挡土板混凝土。

8.3.8 采用预制混凝土挡土板时，挡土板应安置在桩体靠后缘侧，挖孔桩应预留安装挡土板的构造。挡土板安装要求定位准确，两端与挖孔桩贴合紧密。

8.3.9 挡土板强度达到设计要求后再进行板前板后土体回填，回填土应分层夯实，其土类及性质宜与周边土基本一致，压实度和密实度应满足设计要求。

8.3.10 挡土板下设机械成孔桩时，桩应嵌固挡土板内，桩头钢筋应锚固在板内。

8.3.11 桩间采用砌石挡土墙时，其施工应满足砌石挡土墙施工技术要求。

8.4 质量检验

8.4.1 混凝土的原材料质量应符合设计及规范要求，砂、粗骨料及水泥应见证取样。

8.4.2 混凝土的试块强度应达到设计要求，混凝土强度按附录 E 进行评定。

8.4.3 桩身混凝土质量宜采用声波透射法检测，检测方法见附录 F。

8.4.4 小截面桩可采用低应变检测桩身完整性，低应变检测应与其他检测结果相互印证。

8.4.5 钻孔取芯检验孔宜布置在桩孔中心部位，取样测试混凝土强度，对低强度的桩段应重点取样测试。

8.4.6 施工结束后应检查桩身外观质量，桩顶、桩身外露面应平顺、美观，不得有明显缺陷。

9 钻孔桩及微型桩成孔

9.1 一般规定

9.1.1 钻孔桩成孔主要有冲击成孔、回转成孔及旋挖成孔，应根据岩土工程条件、施工场地以及当地施工经验选择成孔工艺。

9.1.2 旋挖成孔适用于土层及岩层钻进，冲击及回转成孔适用于各类岩土层，嵌固于硬岩中的钻孔桩应优先采用冲击成孔。

9.1.3 钻孔桩施工工序：场地平整、测量放线、护筒埋设、成孔、清孔、钢筋笼安装、混凝土灌注，钻孔桩施工工序流程见附录 B。

9.1.4 微型桩施工工序：桩位放线、钻进成孔、下钢筋笼（或钢管）、注浆或灌注混凝土成桩、开挖冠梁基槽、清理桩头、冠梁钢筋制作、浇筑冠梁混凝土，微型桩施工工序流程见附录 B。

9.1.5 钻孔桩应间隔跳钻成孔，在刚浇灌桩身混凝土的邻桩钻进时，其安全距离不宜小于 4 倍的桩径。

9.1.6 依据设桩处的地形条件，分区平整施工场地，各区段地面标高应基本相同，并设临时地表排水沟。

9.1.7 钻孔桩孔口应埋设钢护筒，护筒要求坚固耐用，不漏水，宜采用4 mm～10 mm钢板制作。其埋设应符合下列规定：

a) 护筒埋设应准确、牢固，护筒中心与桩位中心偏差小于50 mm；

b) 护筒内径应大于钻头直径100 mm，其下段外侧应采用黏土填实；

c) 护筒埋设深度不小于1.5 m，并应满足孔内泥浆面的高度要求；受水位涨落影响或深厚的填土层中，护筒应适当加高加深。

9.1.8 地下水位以下钻孔应采取泥浆护壁，孔内泥浆面应保持高出地下水位1 m以上，使孔内水头压力稍大于周围地下水压力；在破碎岩层或松散土层中可视需要采用水泥浆或化学浆液护壁，当浆液漏失严重时，应采取充填、封闭等堵漏措施。

9.1.9 除能自行造浆的黏性土层外均应制备泥浆。泥浆制备应选用高塑性黏土或膨润土，泥浆的相对密度及黏度应根据施工设备、工艺及穿越地层情况经现场试验后确定。

9.1.10 在滑坡体钻进过程中，应尽量避免循环泥浆渗入滑体，宜采用优质膨润土泥浆进行护壁钻进，严禁清水钻进。

9.1.11 根据钻渣及钻进情况确定滑带的位置，与勘查设计资料对比验证。

9.1.12 钻孔桩施工应先进行工艺性试成孔施工，试成孔数量不少于2个，以便核对地质资料，检验设备、施工工艺及技术要求是否适宜，同时检验并修正施工技术参数。如出现缩颈、塌孔、回淤、吊脚或流砂、地下水量大等情况，不能满足设计要求，或增加了施工难度、达不到工期要求时，应重新制定施工方案或采取新的施工工艺。

9.1.13 桩孔钻进设备应具有足够的功率和提升力，采用回转及旋挖设备时应具备足够的扭矩，钻塔应有足够的承载能力，钻孔桩成孔设备见附录D。

9.1.14 微型桩应平整施工场地，在布桩范围按一定标高开挖回填，方便机械施工。

9.2 回转钻进成孔

9.2.1 钻孔桩成孔可根据孔径、孔深、岩土层特点、场地环境条件采用正循环或反循环钻进工艺。对于桩孔较深、口径较大的桩孔，宜采用反循环钻进工艺。

9.2.2 成孔施工的允许偏差应满足下列要求：

a) 桩位放样的允许偏差为±50 mm；

b) 垂直度的允许偏差<1%；

c) 桩位允许偏差为$D/6$（D为钻孔桩直径），且不大于100 mm。

9.2.3 钻机就位后应调整水平位置及倾斜度，使钻杆中心与护筒中心重合，偏差不大于20 mm。

9.2.4 钻进第四系土层、强风化岩层或软岩时，可采用笼式或刮刀式钻头。钻进硬质岩层时，可采用盘式合金钻头或牙轮钻头。

9.2.5 钻进进入滑床遇硬质基岩时，应及时更换相应的嵌岩钻头钻进。如果滑床为倾斜岩层，应采取轻压慢转钻进，直至钻头全部嵌入完整基岩时方可加压钻进。

9.2.6 设置深度控制标尺，并在钻孔施工过程中进行观测记录，宜根据泥浆补给及钻机跳动情况合理控制钻进速度。当钻孔穿过潜在滑动面或滑带时，应降低钻速及钻压，穿过滑带时应留取渣样。

9.2.7 钻进过程中如发生桩孔偏斜、塌孔、缩径、护筒失稳或外围冒浆等情况，应停止钻进，待采取纠偏措施后方可继续钻进。

9.2.8 钻孔达到设计深度，在灌注混凝土前，应进行清孔，清孔后孔底沉渣厚度不大于100 mm。清孔过程中应不断置换泥浆直至泥浆重度和黏度符合要求。

9.2.9 灌注混凝土前，孔底500 mm以内的泥浆：相对密度应小于1.25，含砂率不得大于8%，黏度不得大于28 Pa·s。

9.3 冲击钻进成孔

9.3.1 冲击成孔设备应设置钻头自动转向装置，钻进过程严禁孔内掉进钻头、钻杆及其他异物，经常检查钻头及钢丝绳的磨损情况。

9.1.2 冲孔桩应间隔成孔，相邻桩孔施工时不应造成孔壁变形及坍塌。

9.3.3 钻进第四系土层、强风化岩层或软岩时，可采用十字形钻头。钻进硬质岩层时，可采用一字形钻头。

9.3.4 钻进进入滑床遇硬质基岩时，应及时更换相应的嵌岩钻头钻进。如果滑床为倾斜岩层，应采取低频低冲程钻进或回填高硬度块石，直至钻头全部嵌入完整基岩面时方可按正常的冲击方法钻进。

9.3.5 冲孔宜根据岩土层岩性特点，采取不同的冲程频率。大直径桩孔可采取分级成孔，第一级成孔为设计桩径的60%～80%，并符合《建筑桩基技术规范》(JGJ 94—2008)的规定。

9.3.6 冲击成孔质量控制应符合下列规定：

a) 开孔时应低锤密击，地表土层松软时，可在护筒内加黏土混合，并加入一定数量的小片石反复冲击挤实，确保孔壁稳定；
b) 冲击过程应经常验孔，包括孔径及倾斜度，更换钻头前及容易缩径处应加强验孔；
c) 冲击过程宜勤出渣清孔并取渣样，同时应及时记录渣样特征。出渣后及时向孔内补浆，保持泥浆面稳定。

9.3.7 冲孔终孔后应进行清孔，清孔宜按下列规定进行：

a) 不易塌孔的桩孔可采取气举反循环的方式清孔；
b) 稳定性差的孔壁应采取正循环或抽渣筒排渣；
c) 灌注混凝土前孔底沉渣厚度应符合规范要求。

9.4 旋挖钻进成孔

9.4.1 旋挖钻进成孔应根据不同岩土层及地下水位埋深，采用泥浆、钢护筒护壁或干作业成孔工艺，无地下水时宜优先采用干作业成孔。

9.4.2 成孔前应配制成孔和清孔用的泥浆，单台套钻机泥浆配制量应大于钻孔时的需求量，并应储备不少于单桩体积的泥浆量。

9.4.3 钻进第四系土层、强风化岩层或软岩时，可采用旋挖钻头。钻进硬质岩层时可采用短螺旋钻头或牙轮筒式环状钻头。

9.4.4 应根据岩土层强度及可钻性选择合适的旋挖钻机，钻机的扭矩不宜小于200 kN·m。

9.4.5 旋挖钻施工时应保证机械稳定及安全作业，必要时可在场地垫钢板或铺垫层。严禁在虚土坑面上就位旋挖。

9.4.6 应检查钻头、钻斗门、钻杆的连接情况及钢丝绳的磨损状况，并清除钻头上的渣土。

9.4.7 旋挖钻进成孔过程中，随着钻进深度的增加应及时向孔内补充泥浆，使泥浆液面始终保持不低于护筒面0.5 m。

9.4.8 旋挖钻进至滑带时，应采用钻斗钻进，取滑带土样，并记录、描述及拍照。

9.4.9 钻孔达到设计深度，应采用清孔钻头进行清孔。钢筋笼下置到位后应进行第二次清孔。清孔时可采用灌浆导管进行泵吸式或气举反循环清孔。孔径较小或孔深较浅时，亦可采用正循环清孔。

9.4.10 桩孔无地下水，且孔壁稳定时，可采取干成孔作业。

9.5 微型桩成孔

9.5.1 微型桩成孔宜采用风动潜孔锤钻进成孔。当采用回转钻进成孔时，应采用优质泥浆，不得采用清水。

9.5.2 滑坡应急治理宜采用小型轻便钻机，不宜采用质量较大的钻机成孔。

9.5.3 成孔施工的允许偏差应满足下列要求：

a) 桩位偏差为±100 mm；

b) 垂直度偏差<1%；

c) 孔深和孔径不得小于设计值。

9.5.4 采用倾斜孔钻进时，其垂直度偏差及方位角应满足设计要求。

9.5.5 当采用泥浆护壁，在注浆前应进行清孔，清孔后孔底沉渣厚度不大于 100 mm。

9.5.6 当穿过潜在滑动面或滑带时，应留取芯样并及时记录。

9.5.7 钻机不宜集中钻孔施工，应分区段跳钻施工。

9.6 质量检验

9.6.1 钻孔在终孔和清孔后，应使用仪器对成孔的孔位、孔深、孔形、孔径、垂直度，泥浆的相对密度，孔底沉渣的厚度等进行检验。

9.6.2 钻孔桩成孔的质量检验标准按表 4 执行。

表 4 钻孔桩成孔质量检验标准

项次	项目	规定值或允许偏差	检查方法
1	桩位/mm	$D/6$，且不大于 100	尺量，抽查 10%
2	桩长/m	不小于设计值	查施工记录
3	垂直度/%	<1	查施工记录
4	孔底沉渣厚度/mm	≤100	用沉渣仪或重锤量测

10 钻孔桩及微型桩成桩

10.1 一般规定

10.1.1 成桩前应对桩孔质量进行检查验收，监理验收合格后才能进行成桩施工。桩孔质量验收包括桩孔位置、深度、桩径、垂直度、孔底沉渣等。

10.1.2 成桩前应对进场的成桩钢筋、混凝土、砂石、水泥以及配套的材料进行质量检验，检验合格后才能使用。

10.1.3 钢筋笼制作前应对钢筋的接头进行送检，送检合格后才能进行钢筋笼制作。制作好的钢筋笼应经监理检查验收合格后才能下置于孔中，并做好施工记录，施工记录表见附录 C。

10.1.4 对于采用后压浆处理的钻孔桩和微型桩，应对照地质勘查资料，结合成孔时上返的钻渣判定滑带位置。根据已制作好的钢筋笼的尺寸,确定后压浆压浆器在钢筋笼上的安放位置,并在钢筋笼上绑扎后压浆的压浆器和压浆导管。

10.1.5 钻孔桩下灌注导管前,应对灌注导管管体及接头进行密封性检测,应及时剔除密封性差的导管及接头。

10.1.6 钻孔桩及微型桩混凝土应连续灌注,灌注停顿时间不得超过 1 h。在上提灌注导管过程中,应使其始终埋入桩身混凝土中。

10.1.7 钻孔桩及微型桩成桩灌浆后的 36 h 以内不得进行相邻桩孔的成孔成桩作业。

10.1.8 桩头混凝土梁板施工应符合钢筋混凝土施工工艺要求,桩主筋应锚固于混凝土梁板中,开挖出桩头后支模、绑扎钢筋、支设模板、浇筑混凝土。

10.2 钻孔桩钢筋笼制作安装

10.2.1 钢筋加工应按设计图纸和规范要求进行,加工后的半成品宜分类码放并注意加强保护,防止污染和变形。

10.2.2 钢筋笼制作安装应严格按设计图施工,钢筋的强度等级、钢筋配置数量及尺寸应符合设计及规范要求。钢筋笼制作允许偏差应符合表 5 的规定。

表 5 钢筋笼制作允许偏差

项目	允许偏差/mm
主筋间距	±10
箍筋间距	±20
钢筋笼直径	±10
钢筋笼长度	±100

10.2.3 钢筋笼在地面制作成型后,分段在孔口焊连接安装。钢筋应力计、声测管及其他预埋件应按设计要求同步安装。

10.2.4 分段制作的钢筋笼,其接头宜采用焊接或机械连接。接头点应按规范要求错开,竖筋的搭接不得放在岩土界面和滑动面附近。

10.2.5 桩的加劲筋布置在主筋内侧,箍筋布置在主筋外侧,加劲筋与箍筋应与主筋焊接。钢筋外侧绑扎预制混凝土块或焊导正钢筋。

10.2.6 搬运和吊装钢筋笼时应防止变形,避免碰撞孔壁和自由落下,就位后应立即固定,要求定位准确牢固,钢筋笼主筋净保护层厚度不应小于 50 mm。

10.2.7 对于非对称的钢筋笼,主筋的抗弯抗剪方向应与主滑方向一致。下笼时应分别在护筒和钢筋笼上用油漆做好标记,钢筋笼下放时不得转动钢筋笼。

10.2.8 对于有悬挂主筋的钢筋笼,纵向上用箍筋固定,横向上每间隔 3 m～5 m 采用“井”字形扁担筋固定,并且“井”字形扁担筋应与加强箍筋焊接在一起。

10.2.9 钢筋笼宜采用 HRB400 及以上等级的钢筋,采用型钢时应满足钢结构施工技术要求。

10.3 钻孔桩混凝土灌注

10.3.1 混凝土原材料备制及搅拌应符合本标准第 8.1 节和第 8.2 节的规定。

10.3.2 水下灌注前应对桩孔质量、沉渣厚度、泥浆指标、桩底标高进行检查。钻孔成孔质量经验收合格后，应尽快灌注混凝土。

10.3.3 水下混凝土应具有良好的和易性，宜适当掺加外加剂，配合比应通过试验确定。其坍落度宜为 18 cm～22 cm，水泥用量不宜少于 360 kg/m^3，含砂率宜为 40%～50%，并宜选用中粗砂。

10.3.4 混凝土强度应符合设计要求，混凝土试块取样组数见附录 E。

10.3.5 灌注导管的构造和使用应符合下列规定：

a） 导管厚度不宜小于 3 mm，直径 200 mm～250 mm，接头处外径应比钢筋笼的内径小100 mm以上，直径偏差小于 2 mm；

b） 导管逐节拼接，节长 2 m～4 m，长度可视工艺要求设定，但底管长度不宜小于 4 m；接头宜采用双螺纹方扣快速接头，连接应密封、牢固、方便；

c） 导管使用前应进行试拼装、压水试验，试水压力可取 0.6 MPa～1.0 MPa，合格后方可使用，严禁导管漏水或底口进水。

10.3.6 开始灌注时，导管底部至孔底距离宜为 300 mm～500 mm。

10.3.7 首次灌注的混凝土量应保证导管埋入混凝土面以下的深度不小于 0.8 m；末次灌注的混凝土量应保证超灌高度不小于 0.3 m。

10.3.8 灌注过程中导管埋入混凝土深度不宜小于 2.0 m，严禁将导管拔出混凝土面。

10.3.9 及时拆除或提升导管，控制提拔导管速度，应有专人测量导管埋深及导管内外混凝土灌注面的高差，并及时详细填写灌注记录。

10.3.10 使用的隔水栓应有良好的隔水性能，隔水栓宜采用球胆或与桩身混凝土相同强度等级的细石混凝土制作。

10.3.11 水下混凝土应连续灌注，单桩灌注时间按初盘混凝土的初凝时间控制，灌注过程中出现故障应及时排除，并记录备案。

10.4 钻孔桩后压浆

10.4.1 经滑坡勘查或滑坡深部位移监测确定滑带，依据滑带的位置、滑带滑体的渗透系数及物理力学性质，确定后压浆压浆器数量及布置、后压浆压力、压浆材料及压浆量等工艺参数。

10.4.2 后压浆压浆器应与钢筋笼同步安装，注浆管和压浆器应置于钢筋笼的外侧，且压浆器应安置在滑带或潜在滑动面附近。

10.4.3 注浆管为直径 25 mm～38 mm 的钢管，在拟定的注浆段设置压浆器。注浆管下端与压浆器相连接，上端高出地面 0.5 m。

10.4.4 压浆器由具逆止功能的单向阀组成，压浆器宜采用直径 ϕ25 的 PVC 钢丝管或钢管制作成环状。在环状压浆器上应间隔均匀布置多组出浆孔，出浆孔沿桩孔圆周的环状间距不宜小于500 mm，且不宜超过 1.0 m。每组出浆孔为 2 个或 3 个，直径为 ϕ5～ϕ8，沿 PVC 钢丝管或钢管圆周均匀布置。出浆孔内应设置具有单向阀功能的止浆塞，外面采用橡胶包裹，包裹的橡胶边缘与出浆孔的净距离不少于 60 mm。

10.4.5 压浆器应布置在滑带的底部，如存在多个滑带时，应设多组压浆器，压浆器的间距可为3 m～5 m。每个滑带不少于一组压浆器。

10.4.6 压浆器及注浆管连接处应密封，并能承受大于设置深度的静水压力，随钢筋笼下放时应加强保护，不得撞击及扭墩。

10.4.7 浆液宜为 P·O 42.5 水泥浆，也可采用化学注浆材料；浆液的水灰比宜为 0.6～1.0，低水灰比浆液宜采用减水剂。

10.4.8 注浆流量和注浆压力应根据试验确定，注浆流量宜控制在 20 L/min～50 L/min 之间，注浆压力宜控制在 2 MPa～20 MPa 之间，松软土取低值，密实土及风化岩取高值。可采取先稀后浓进行注浆，初始注浆的浆液水灰比可控制在 1.0 左右。

10.4.9 当注浆时的吸浆量低于 5 L/min 或者憋泵时，或者注浆总量已达设计值的 75%，且注浆压力超过设计值时，可停止注浆。

10.4.10 当注浆压力长时间低于正常值或者地面出现冒浆、串浆时，应采用间歇注浆，间歇时间宜为 30 min～60 min，或者调低水灰比。

10.4.11 后压浆过程中，应经常检查各项压浆参数，发现异常应及时采取相应措施。

10.4.12 后压浆管路压水开环作业应在桩身灌注成桩 48 h 后立即进行，后压浆工作宜在压水开环作业后的 10 d 以内完成。

10.4.13 后压浆注浆时宜按桩位由外而内，先两边后中间的顺序进行。

10.4.14 后注浆时要加强对滑坡体的位移变形监测，当发生位移变形持续加大时，应立即停止注浆。

10.5 微型桩成桩

10.5.1 钢筋主筋可为单根，也可为 2 根或 3 根，采用单根钢筋时，应设定位环，定位环间距一般为 3 m。

10.5.2 采用 2 根或 3 根钢筋时，应采用箍筋绑扎，箍筋间距及直径应符合设计要求。

10.5.3 主筋宜采用直螺纹机械连接，接头位置应避开滑带。

10.5.4 用钢管或型钢替代钢筋笼时，宜采用抗剪及抗弯强度高的型钢；钢管可采用无缝钢管或焊缝钢管，不宜采用卷焊管。钢管接头可采用丝扣连接，应避免在滑带范围内设置连接接头。

10.5.5 微型桩采用的碎石粒径宜小于 20 mm，且不宜超过桩径的 1/10。

10.5.6 微型桩成桩宜选用在孔内投入细石后压注水泥浆或水泥砂浆成桩，也可直接压注水泥砂浆或水泥浆。

10.5.7 成孔质量经验收合格后，应尽快投放石料，石料投入量与计算量的差值不得大于 20%。

10.5.8 注浆管宜选用硬质 PVC 塑料管或钢管，内径不得小于 25 mm，宜与钢筋笼或钢管同时下入孔内，且注浆管应置于钢筋笼或钢管内侧。

10.5.9 水泥浆应确保搅拌均匀，水泥浆应随拌随用，宜用高速搅拌机制浆，再转入低速搅拌储浆桶，边搅边注浆。

10.5.10 按设计要求配制水泥浆或水泥砂浆，水灰比不宜大于 0.6，应按桩身强度要求做配合比试验。

10.5.11 注浆为低压充填注浆，注浆压力宜通过注浆试验确定。

10.5.12 注浆持续时间不宜超过 2 h，可以采取多次注浆来提高注浆的效果。二次注浆应待初次注浆液达到初凝后开始。

10.5.13 孔内注浆自下而上进行，边注浆边拔注浆管，注浆管埋入浆液深度不小于 3 m，注浆至孔口返出浆液为止。

10.5.14 注浆过程中如发生串浆、冒浆等情况，应采取间歇注浆、添加速凝剂等措施后方可继续进行。

10.5.15 桩孔无水时，可灌注流态混凝土成桩，混凝土应振捣密实。

10.5.16 微型桩后压浆压浆器宜采用 ϕ20～ϕ25 的钢管制作，压浆器长度宜为 600 mm～1 000 mm，沿压浆器纵向布置不少于 3 排的出浆孔，出浆孔孔径宜为 ϕ5～ϕ8，孔间距宜为 80 mm～120 mm。

10.5.17 浆液宜为 P·O 42.5 水泥浆，浆液的水灰比宜为 0.5～1.0，也可采用化学注浆材料，低水灰比浆液宜采用减水剂。

10.5.18 注浆流量宜控制在10 L/min～35 L/min,注浆压力宜控制在2 MPa～20 MPa,松软土取低值,密实土及风化岩取高值;可采取先稀后浓进行注浆,初始注浆的浆液水灰比可控制在1.0左右。

10.6 质量检验

10.6.1 应提供施工过程中的相关记录及检验检测报告,包括原材料和半成品的力学性能检验报告、混凝土试件留置数量及制作养护方法、混凝土抗压强度试验报告、钢筋笼制作质量检查报告。施工完成后尚应进行桩顶标高、桩位偏差等检验。

10.6.2 钻孔桩成桩的质量检验标准按表6执行。

表6 钻孔桩成桩质量检验标准

项次	项目	规定值或允许偏差	检查方法
1	桩顶标高/mm	±50	水准仪,需扣除桩顶浮浆层及劣质桩体
2	主筋间距/mm	±10	尺量,抽查100%
3	箍筋间距/mm	±20	尺量,抽查100%
4	钢筋笼直径/mm	±10	尺量,抽查100%
5	钢筋笼长度/mm	±100	尺量,抽查100%
6	混凝土充盈系数	>1	检查每根桩的实际灌注量
7	混凝土强度	设计要求	同标准条件下试件报告或钻芯取样检验

10.6.3 钻孔桩应采用低应变法对全部的桩身进行完整性检测,大直径钻孔桩宜采用声波透射法检测,必要时应用钻芯法进行抽检。

10.6.4 钻孔后压浆效果检验,采用钻芯法抽检滑带及其附近的芯样,检验后压浆水泥土固结情况。

10.6.5 微型桩施工质量控制按表7执行。

表7 微型桩施工质量控制表

项目	允许偏差/mm
桩控制点	±10
桩位定位	±50
桩长	±100

10.6.6 施工过程中应做好现场验收记录,包括钢筋笼制作、成孔和注浆等各项工序的记录。

11 施工监测

11.1 抗滑桩施工过程中应进行施工监测,在桩孔施工前,应按设计要求完成监测站(点)土建和仪器安装与调试。

11.2 施工前,应编制施工期的安全监测和竣工后的防治效果监测的施工方案,主要内容应包括:监测范围与监测点选择、各监测墩(桩、孔)的施工尺寸与施工方法、仪器设备安装型号与安装要求、监测仪器调试校准方法、监测周期与频次、数据分析与预警要求等。

11.3 施工监测应充分利用原有监测设施及监测资料,建立精密仪器与简易监测相结合,专业监测与群众监测相结合,近期治理工程效果监测与长期稳定性监测相结合的监测系统。

11.4 监测范围应能控制滑坡整体变形，兼顾局部变形与工程变形，加强关键点的位移监测。

11.5 监测网点确定和建设应充分考虑滑坡的变形特征、稳定性及防治工程布置特点，重点布设于对变形有直接影响的地段。

11.6 监测网点的布设应符合国家及行业相关规范和技术标准，应按监测点、监测线形成监测网。

11.7 变形监测网点由变形监测点和基准点两类组成，其中变形点布置在滑体范围内，基准点布置在滑坡外围稳定岩土体上。

11.8 监测仪器的选择应满足可靠性、操作简便性、稳定性和耐久性的要求，在保证实际需要的前提下力求少而精，网点布设应便于安装、维修和观测。

11.9 监测数据的采集应准确可靠，测量精度应符合规范要求。

11.10 变形监测主要采用大地形变监测、地面形变巡视监测等方法。

11.11 变形监测以地面形变监测为主，重要滑坡可布设深部位移监测及地下水位监测。

11.12 大地形变监测主要用于监测滑坡坡面位移及治理工程的位移，采用三角交会法、视准线法、GPS测量法进行滑坡各监测点的水平、垂直位移监测。监测点应根据滑坡变形特征及治理工程的位置等布置，组成纵向、横向的监测网。在滑坡的主剖面线上应布置不少于 3 个变形观测点。在抗滑桩工程上部，应布置一条与桩轴线相平行且距离不超过 15 m 的监测线(图 2)。

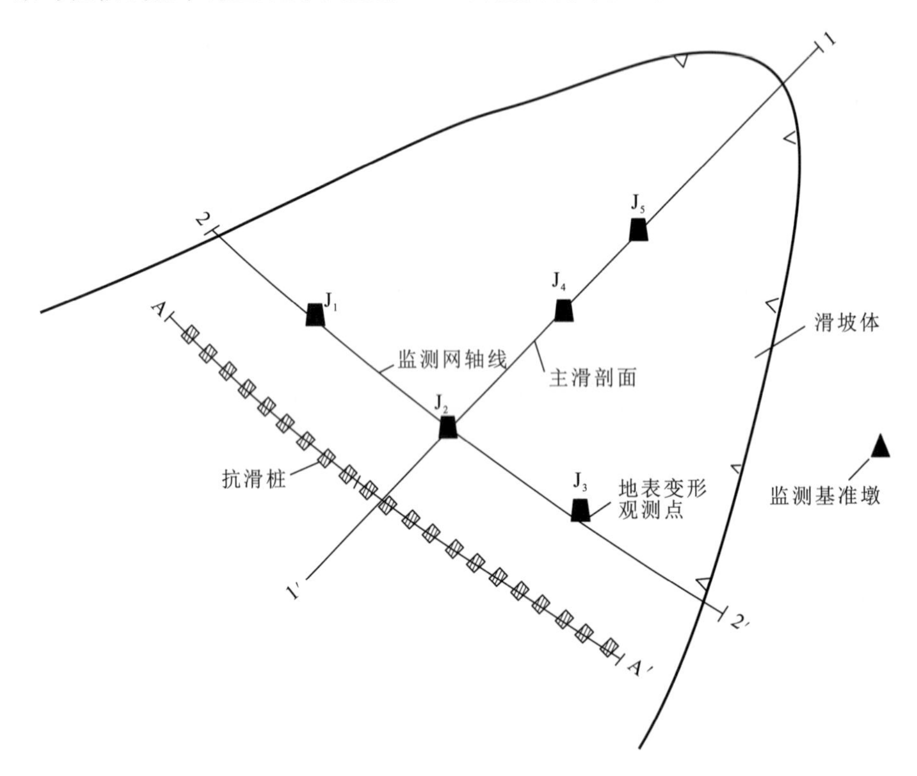

图 2 地表大地形变监测点布置

注：1—1′表示主滑剖面；2—2′表示监测网轴线；A—A′表示桩位轴线

11.13 变形异常时、强降雨后和持续降雨时应加密监测频次，及时绘制动态监测曲线，以达到及时监测预警的目的。

11.14 水文观测孔施工应符合《水文水井地质钻探规程》(DZ/T 0148—2014)的规定。

11.15 滑坡深部位移监测孔施工与监测仪器安装应符合相关标准的要求。

11.16 地面形变巡视监测采用线路巡查，对关键点和关键部位采用线路巡查与定时定点巡查相结合。

11.17 地面巡视的内容主要为地面开裂下沉、鼓胀、滑移坍塌等地面形变的位置、方向、规律、变形量及发生时间，泉水异常变化，建(构)筑物及防治工程破坏情况等。巡视范围以能综合反映滑坡近期坡体变形特点为准，重点以防治工程以上变形较为强烈的地段为主。巡视路线以能控制滑坡区为原则，路线间距 100 m～200 m，视滑坡体变形的强烈程度应作适当调整。

11.18 对治理工程施工可能产生影响的建(构)筑物应布设监测点，监测其沉降及裂缝变形情况。

11.19 施工安全监测应对地质灾害体进行实时监控，以了解由于工程扰动等因素对滑坡体的影响，并及时指导工程实施，调整工程部署，安排施工进度等。

11.20 施工安全监测点应布置在滑坡体稳定性差或工程扰动大的部位，力求形成完整的剖面，采用多种手段互相验证和补充。

11.21 所有临时性的开挖施工，如开挖深度大于 5 m 时，应对开挖边坡变形进行监测。

11.22 挖孔桩施工时，如桩截面较大，或在软土、填土、膨胀土等特殊土段开挖施工时，应对护壁变形进行监测。

11.23 护壁变形巡视监测每次下孔均应进行，监测孔壁变形、裂缝、膨胀等，必要时应进行仪器监测。

11.24 施工期间，地面巡视不得少于 2 次/d。

11.25 施工安全监测宜每天监测一次，稳定性差的滑坡应加密监测。如果滑坡位移变形较小，且工程扰动小，可采用 3 d～10 d 监测一次的频率。

11.26 应及时进行监测数据的分析整理，要建立一套包括数据采集、存储、传输、数据处理和信息反馈的系统化、立体化的监测网，指导治理工程施工，并检验其防治效果。

11.27 监测结果应及时报告设计、施工及监理等相关单位，如变形异常应分析原因，立即进行应急预警处理。

12 环境保护和安全措施

12.1 环境保护措施

12.1.1 抗滑桩治理工程施工应认真贯彻和落实国家和地方有关环境保护的法律、法规，自觉接受当地政府、群众和主管部门的检查监督。

12.1.2 施工前应做好与当地居民、基层组织的沟通协调，征询各方意见。对可能造成环境重大影响的施工，应进行专门论证，采取减少或避免对环境影响破坏的施工方案。

12.1.3 施工现场总平面布置应科学合理、节约用地，临时道路、临时场地宜硬化，并保证路面和地面平整、干净。

12.1.4 施工中应对绿化植被加以保护，不随意乱砍、滥伐林木。

12.1.5 施工现场及道路设专人维护、清扫、洒水除尘，车辆运输应采取措施尽量减少抛洒物，散体材料运输储存采取遮盖、密封等措施，防止和减少扬尘。

12.1.6 禁止在施工现场焚烧和填埋各类有毒、有害废弃物。

12.1.7 宜采用低噪声机械设备和工艺，严格控制强噪声作业时间，降低施工噪声对民众生活的干扰。

12.1.8 弃土场应办理临时征地手续，弃土按指定地点有序堆放，不得堆积在沟谷中和江河水域；必要时采取工程措施确保边坡稳定，避免弃渣流失污染环境和引发次生灾害。

12.1.9 钻孔桩废泥浆应外运至指定地点，并做好废泥浆处理，不得污染道路，不得违章排放。

12.1.10 生活区宜设垃圾池，垃圾集中堆放，并及时清运至指定垃圾场。生产生活废水排放应遵守当地环境保护部门的规定，宜经沉淀净化处理后排放。

12.1.11　施工结束后应对施工垃圾集中清理，拆除临建设施，恢复原有的生态环境。

12.1.12　施工过程中应保护施工段水域的水质，施工废水要达到有关排放标准，以避免污染附近的地表水体。

12.1.13　预防和治理因工程建设造成的水土流失，控制新增水土流失，使防治责任范围内达到《开发建设项目水土流失防治标准》(GB 50434—2008)的要求。

12.1.14　制定空气污染控制措施，尽量选取低尘工艺，安装必要的喷水及除尘装置。

12.2　安全措施

12.2.1　项目管理机构应设置安全职能部门，建立完善的安全保证体系和安全生产制度。安全管理人员的配备应符合国家安全生产的相关规定。

12.2.2　在编制施工组织设计时，应针对工程施工的特点，认真进行危险源的识别与评价，并制定相应的安全管理措施和技术措施。

12.2.3　按所识别的危险源编制相应的应急预案，一旦出现突发性的危险情况，及时启动应急预案。

12.2.4　施工过程中应对滑坡变形进行跟踪监测，如出现变形异常应立即组织人员及设备撤离。

12.2.5　施工中采用新技术、新工艺、新设备、新材料时，应先进行可行性试验并制定相应的安全技术措施。

12.2.6　施工中的现场平面布置应符合安全规定及文明施工的要求，现场道路应平整密实、保持畅通，并加强道路交通指挥。

12.2.7　施工区域周边应设置警示标识，非施工人员不得随意进入施工场地。危险地点应悬挂醒目的安全标识，现场人员均应规范配戴劳动保护用品。

12.2.8　施工现场临时用电应执行《施工现场临时用电安全技术规范》(JGJ 46—2005)的规定，施工爆破应遵守《爆破安全规程》(GB 6722—2014)的规定，操作卷扬机应遵守《建筑卷扬机安全规程》(GB 13329—1991)的规定。

12.2.9　特殊工种，如爆破工、电气焊工、起重工、工程机械操作手、车辆驾驶员等均应持证上岗。

12.2.10　岩层爆破开挖安全措施如下：

a)　严格执行《爆破安全规程》(GB 6722—2014)的有关规定，应按批准的爆破设计方案施工；

b)　提高安全意识，建立健全安全制度，制定钻爆作业细则，严格按制度执行；

c)　爆破员应进驻工地，爆破员不在场时不得装药放炮；

d)　爆区附近应设置警示牌、统一警戒与起爆信号，起爆前 10 min 开始认真组织警戒与清场，并发出声音与视觉信号，警戒人员应定人定责，在指定时间到达指定地点实施警戒，在确认安全万无一失的前提下，由工地指挥长发出起爆令，实施爆破；

e)　加强爆破品管理，做好“三防”工作，工地不得存放爆破器材，做到用多少则由专用车运输多少，余数当日归库；

f)　建(构)筑物附近爆破时，应对建(构)筑物进行震动监测。

12.2.11　桩孔内施工人员应戴安全帽，正确系挂安全绳，桩孔内作业人员不应超过 2 人。

12.2.12　孔壁发生变形，危及施工人员安全时，应立即组织孔下施工人员撤离，采取必要支护措施后，方可继续施工。

12.2.13　抗滑桩工程施工时，边坡上方与下方不得同时作业，特殊工程作业应制定专门的安全施工方案。

12.2.14　发生安全事故应及时组织伤员救治，并严格按照国家有关法律法规进行安全事故的报告、调查和处理。

12.2.15 正在浇筑混凝土的桩孔周围 10 m 半径内，其他桩内不得有人同时作业。

12.2.16 施工时发现文物、化石、爆炸物、电缆等应暂停施工，保护好现场，并及时报告有关部门，按规定处理后方可继续施工。

13 质量检测与工程验收

13.1 质量检测

13.1.1 抗滑桩质量检测应包括原材料质量、桩孔开挖或钻进、钢筋制作与安装、桩身混凝土浇筑、桩身完整性及强度等。

13.1.2 抗滑桩的钢筋配置及混凝土强度应满足设计要求，抗滑桩的桩位、桩的截面尺寸、深度及桩顶标高应满足设计要求。

13.1.3 抗滑桩应进行无损检测，检测方法采用声波透射法及低应变法。挖孔桩及钻孔桩宜逐桩检测，微型桩按比例抽检。

13.1.4 挖孔桩宜采用声波透射法检测，其声测管埋设、现场检测、桩身混凝土完整性判定见附录 F。

13.1.5 直径大于 2 m 的钻孔桩宜采用声波透射法检测，中小直径钻孔桩宜采用低应变法检测，微型桩宜采用低应变法检测。

13.1.6 挖孔桩和钻孔桩可采用钻芯法抽检，钻芯法宜在桩身无损检测后进行，对于桩身完整性检测有缺陷的抗滑桩均应采用钻芯法检测，抽取的芯样应做抗压强度试验，钻芯孔应采用砂浆或水泥浆充填。

13.1.7 桩间挡土板及桩顶连系梁检测应符合《混凝土结构工程施工质量验收规范》(GB 50204—2015)的规定。

13.1.8 出露地表的抗滑桩桩头、桩顶连系梁及桩间挡土板的外观质量应符合《混凝土结构工程施工质量验收规范》(GB 50204—2015)的规定。

13.1.9 对质量存在缺陷的桩，可采取高压注浆补强、增加桩钢筋或型钢的配置、在周边补桩或加强锚固等加固补强处理。

13.1.10 对质量存在缺陷桩的处理方案，应由抗滑桩的原设计单位提出，对加固补强桩的质量应重新进行检验检测。

13.2 工程验收

13.2.1 抗滑桩工程验收包括竣工初验和竣工终验，验收标准应符合相关地质灾害治理工程质量检验与验收规程的规定。

13.2.2 施工单位应在每道工序完成后进行自检，自检合格报监理工程师验收，同时做好现场验收记录，验收不合格不允许进入下道施工工序。重要的中间过程和隐蔽工程应由建设单位、监理单位、勘查和设计单位共同参加检查验收。

13.2.3 工程完工后，施工单位应对工程质量进行自检和评定，自检合格后，经监理单位检查核定将竣工验收报告和有关资料提交建设单位。由建设单位组织专家、当地工程质量监督部门、监理单位、勘查单位、设计单位进行工程质量检查、验收和评定。验收文件应经以上各方签字认可。

13.2.4 工程竣工验收时，应提交下列资料：

a) 施工管理文件：施工开工申请、开工令、施工大事记、施工日志、施工阶段例会及其他会议记录、工程质量事故处理记录及有关文件、施工总结等；

b) 施工技术文件:施工组织设计及审查意见、施工安全措施、施工环保措施、专项施工方案、技术交底、图纸会审记录、设计变更申请、设计变更通知及图纸、工程定位测量及复核记录等;
c) 施工物资文件:工程所用材料(包括水泥、钢材、钢筋焊连接材料、钢铰线、砂、碎石、预制构件等)的出厂合格证、进场复检报告、使用台帐、不合格项处理记录、焊连接人员上岗许可证等;
d) 施工试验记录文件:试桩、注(压)浆等检测试验报告;
e) 施工记录文件:各分项分部工程施工记录、隐蔽工程验收记录等;
f) 施工地质记录文件:各类工程及开挖等的地质编录及地质素描图、滑带确认签证单、重要地质问题技术会议记录等;
g) 施工检测成果:抗滑桩检测(验)报告、砂石检测结果、注(压)浆效果检测结果、地表地下排水检验报告等;
h) 工程竣工测量文件:工程最终测量记录及测量成果图;
i) 施工质量评定文件:各分项(工序)、分部、单位工程质量检验评定表等;
j) 工程监测文件:建网报告及监测网平面布置图、中间性监测(月、季、半年、年)报告、监测总结报告等;
k) 工程竣工验收文件:竣工图、竣工总结报告、竣工验收申请、竣工验收会议记录、工程竣工验收意见书、工程质量保修书等;
l) 监理文件;
m) 其他需提供的有关资料。

13.2.5 应按规定对工程管理文件和工程技术文件整理、分类、成册和归档。

13.2.6 施工单位对竣工初验提出的整改意见应落实整改措施。

13.2.7 通过竣工初验后,应按监测方案开展工程效果监测工作。

13.2.8 竣工终验通过后,施工单位应及时将所有竣工资料向建设单位移交。

14 抗滑桩维护

14.1 抗滑桩应定期巡查和维护。工程区内应设置工程保护警示牌,明确保护范围及责任单位。

14.2 抗滑桩桩头应有明显标识,埋入式抗滑桩应设置标示桩轴线的标志并永久保留。桩头、外立面及桩间挡板不应受机械碾压或碰撞受损,不应在桩上搭设建(构)筑物。

14.3 出露地表的桩头及挡土板不得受损,不得开挖破坏桩头及挡土板。

14.4 测量基准点应予保留并做出标记。

14.5 桩头设桩顶连系梁时,连系梁上不得加载,不得破坏梁结构的完整性和连续性。

14.6 抗滑桩区域不应堆放材料,不应进行夯锤冲击等施工作业。

14.7 抗滑桩以上的坡体不应加载,抗滑桩以下的坡体不应开挖坡脚。

14.8 加强桩体变形监测和巡查,发现桩体出现裂缝,应分析裂缝产生的原因,及时采取措施。

14.9 如桩出现倾斜变形,应实测变形量,分析变形原因,由原设计单位提出处理方案,经论证后实施。

14.10 监测设施如监测墩、抗滑桩声测管、各类压力盒应力计的引出线缆、地下水长观孔、深部测斜管等,应长期保护。

附　录　A
（资料性附录）
典型挖孔桩护壁结构（含锁口圈梁）

典型挖孔桩护壁结构如图 A 所示。

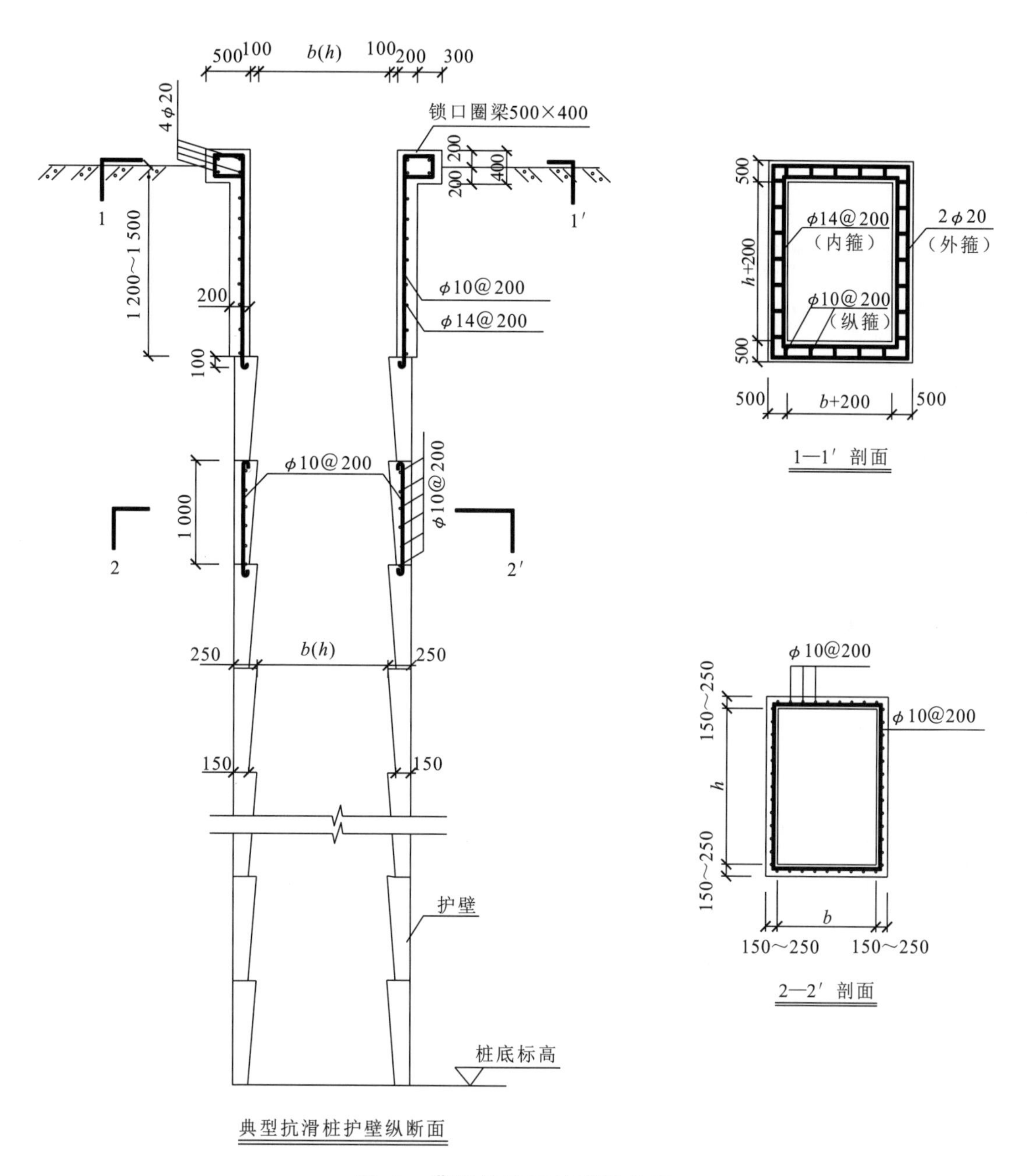

图 A　典型挖孔桩护壁结构图

注：1. 图中单位除注明外，均以 mm 计；2. b 表示桩截面宽，h 表示桩截面高

附 录 B
(规范性附录)
抗滑桩施工工艺流程

B.1 挖孔桩施工工艺流程

挖孔桩施工工艺流程如图 B.1 所示。

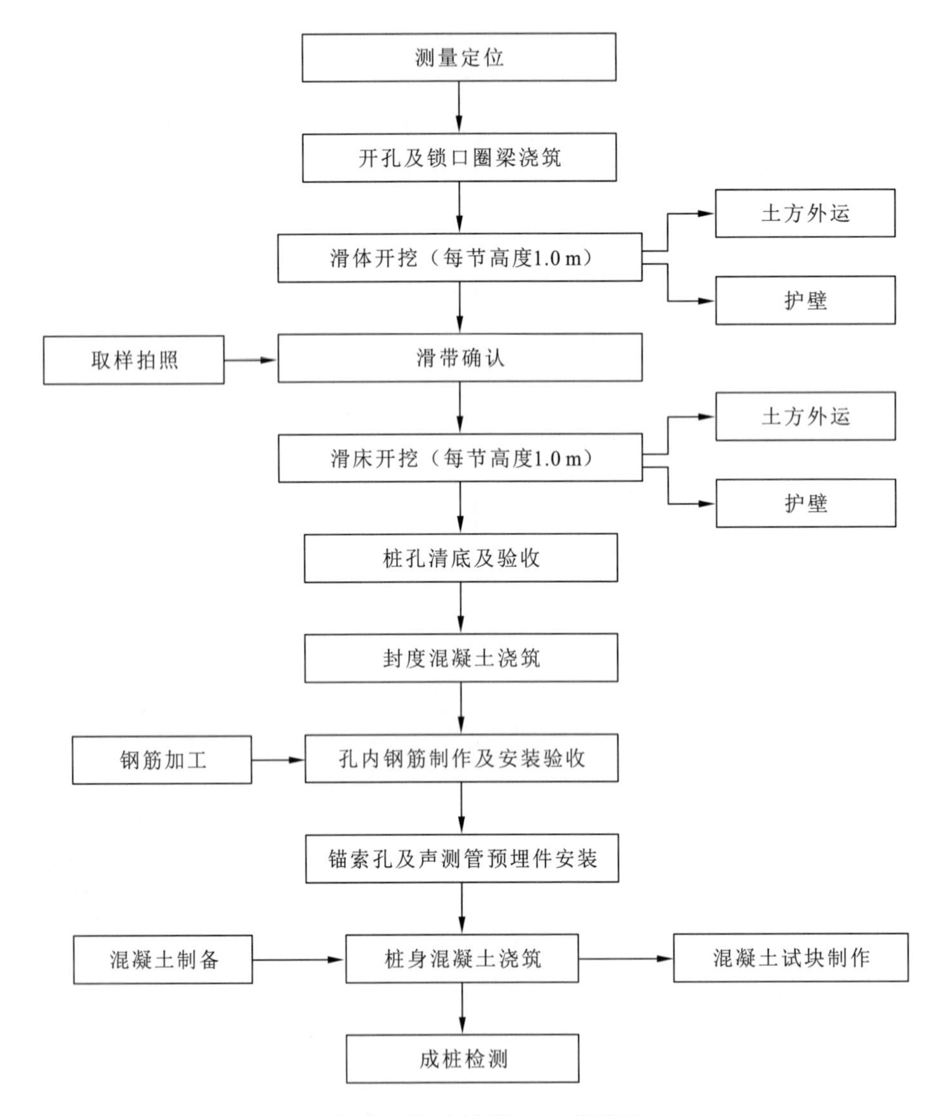

图 B.1 挖孔桩施工工艺流程

B. 2 钻孔桩施工工艺流程

钻孔桩施工工艺流程如图 B. 2 所示。

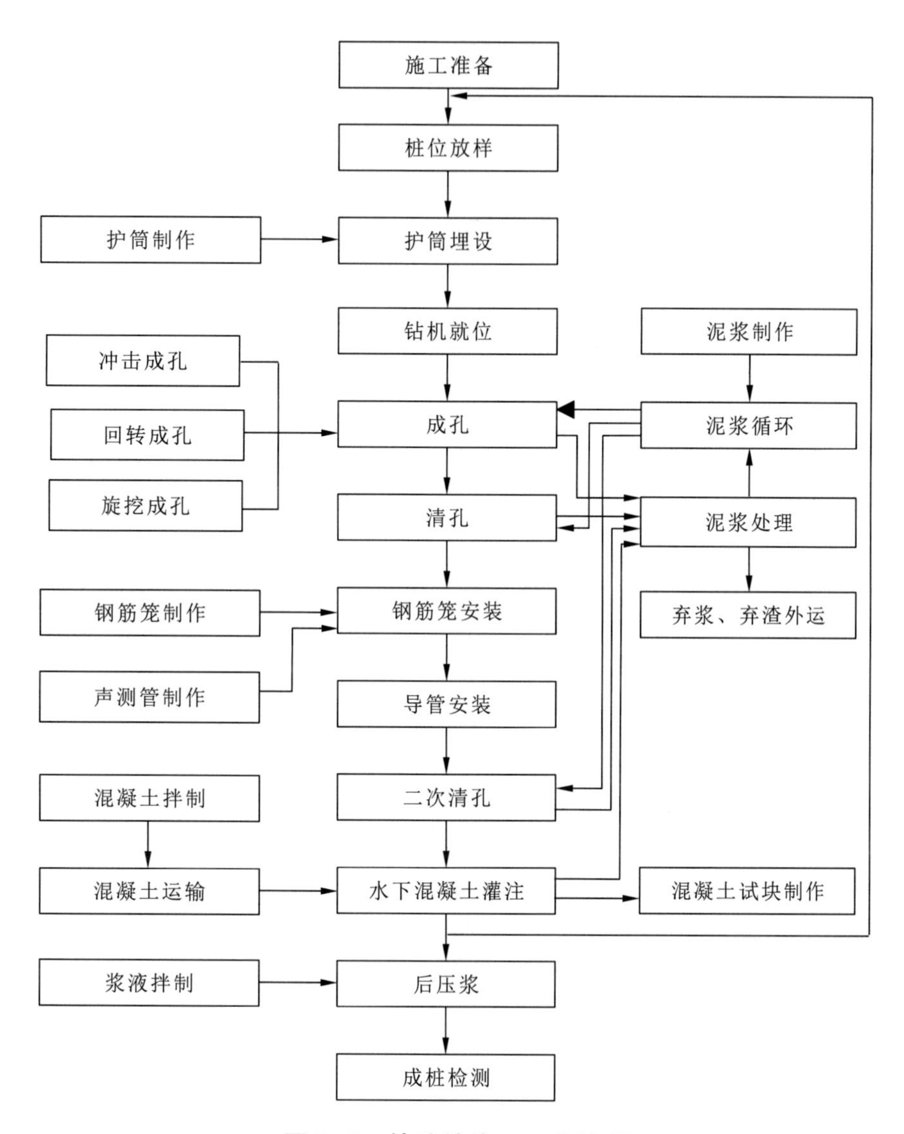

图 B. 2　钻孔桩施工工艺流程

B.3 微型桩施工工艺流程

微型桩施工工艺流程如图 B.3 所示。

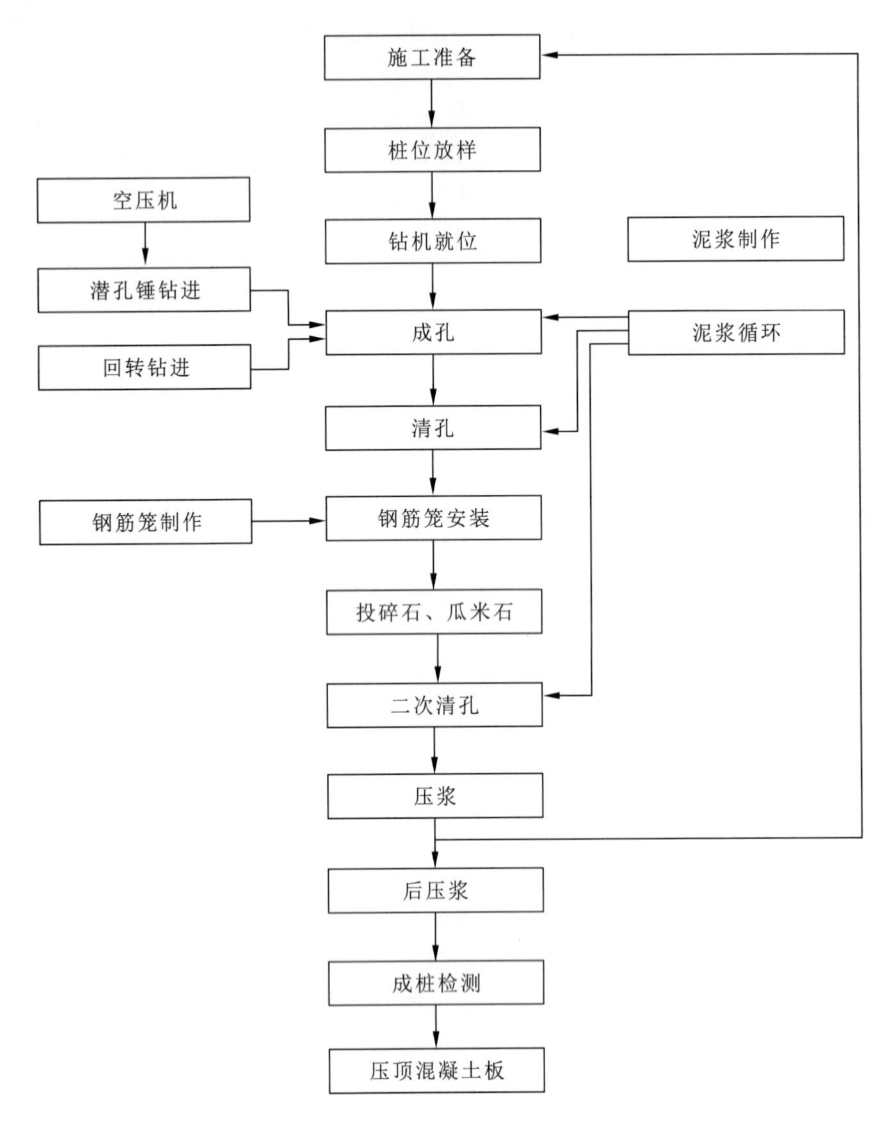

图 B.3 微型桩施工工艺流程

附 录 C
（规范性附录）
施工记录表

C.1 挖孔桩挖孔施工验收表

表 C.1 挖孔桩挖孔施工验收表

工程名称：　　　　　　　　　　　　　　　　　　　　　施工单位：

<table>
<tr><td colspan="2">施工序号：</td><td colspan="2">桩位编号：</td><td colspan="6">施工日期：自　　年　月　日至　　年　月　日</td></tr>
<tr><td colspan="4">桩身几何尺寸/m</td><td colspan="6">标高/m</td></tr>
<tr><td colspan="2">桩径</td><td colspan="2">桩长</td><td colspan="2">桩顶</td><td colspan="2">滑带</td><td colspan="2">桩底</td></tr>
<tr><td>设计</td><td>实测</td><td>设计</td><td>实测</td><td>设计</td><td>实测</td><td>设计</td><td>实测</td><td>设计</td><td>实测</td></tr>
<tr><td></td><td></td><td></td><td></td><td></td><td></td><td></td><td></td><td></td><td></td></tr>
<tr><td colspan="2">护壁混凝土强度/MPa</td><td colspan="2">护壁钢筋规格</td><td colspan="6">护壁厚度/m</td></tr>
<tr><td colspan="2"></td><td colspan="2"></td><td colspan="6"></td></tr>
<tr><td colspan="7">桩截面长度2a
a　桩截面长度　a
L　L_1　L_2
滑带</td><td colspan="3">施工情况简介：（滑带、滑体、滑床的地层岩性及地下水情况）</td></tr>
<tr><td colspan="10">①桩径、桩身几何尺寸满足设计要求。②该桩桩底嵌入滑床深度满足设计要求。</td></tr>
<tr><td colspan="10">验收结论：□同意验收　　　　　　　　□整改后再进行验收</td></tr>
<tr><td colspan="2">勘查单位代表：

年　月　日</td><td colspan="2">设计单位代表：

年　月　日</td><td colspan="3">建设单位代表：
监理单位：
监理工程师：
年　月　日</td><td colspan="3">施工单位：
工长：
记录人：
技术负责人：
年　月　日</td></tr>
</table>

C.2 挖孔桩钢筋及混凝土施工验收表

表 C.2 挖孔桩钢筋及混凝土施工验收表

工程名称： 施工单位：

施工序号：	桩位编号：	施工日期：自 年 月 日至 年 月 日

标高/m			笼径 d/mm	笼长/m	加密区长/m	箍筋	
桩顶	笼顶	笼底				加密区	非加密区

主筋/mm	腰筋/mm	连接方式	保护层厚度/mm	预留筋长/m	焊条型号

实测桩孔体积/m^3	实际浇筑混凝土量/m^3	桩身混凝土强度/MPa	留置混凝土试块/组

施工情况简介：

验收结论：□同意验收 □整改后再进行验收

勘查单位代表：	设计单位代表：	建设单位代表： 监理单位： 监理工程师：	施工单位： 工长： 记录人： 技术负责人：
年 月 日	年 月 日	年 月 日	年 月 日

C.3 钻孔桩施工记录表

表 C.3 钻孔桩施工记录表

工程名称： 部位： 编号：

<table>
<tr><td colspan="2">桩号：</td><td colspan="2">桩类：</td><td colspan="4">地坪标高： m</td></tr>
<tr><td rowspan="2">钻孔时间</td><td>开始：</td><td colspan="2">设计孔深： m</td><td colspan="4">设计桩顶标高： m</td></tr>
<tr><td>终止：</td><td colspan="2">实际孔深： m</td><td colspan="4">滑带深度： m</td></tr>
<tr><td rowspan="2">下钢筋笼时间</td><td>开始：</td><td>长度</td><td>m</td><td rowspan="2">泥浆参数</td><td>黏度</td><td>相对密度</td><td>含砂量</td></tr>
<tr><td>终止：</td><td>节度</td><td>个</td><td>Pa·s</td><td></td><td></td></tr>
<tr><td rowspan="2">下导管时间</td><td>开始：</td><td colspan="2">导管长度</td><td colspan="4">导管距孔底距离</td></tr>
<tr><td>终止：</td><td colspan="2">m</td><td colspan="4">m</td></tr>
<tr><td rowspan="2">清孔时间</td><td>开始：</td><td rowspan="2">沉渣</td><td>清孔前： mm</td><td colspan="4">导管种类：</td></tr>
<tr><td>终止：</td><td>清孔后： mm</td><td colspan="4">隔水栓种类：</td></tr>
<tr><td rowspan="2">灌混凝土时间</td><td>开始：</td><td>总计斗数</td><td>斗
（1 斗＝0.01 m^3）</td><td>理论方量</td><td colspan="3">m^3</td></tr>
<tr><td>终止：</td><td>耗用水泥</td><td>kg</td><td>实际方量</td><td colspan="3">m^3</td></tr>
<tr><td colspan="2">试块强度</td><td colspan="2">MPa</td><td>充盈数</td><td colspan="3"></td></tr>
<tr><td colspan="2">坍落度</td><td colspan="2">mm</td><td>每米水泥量</td><td colspan="3">kg</td></tr>
<tr><td>备注</td><td colspan="7"></td></tr>
</table>

附　录　D
（资料性附录）
钻孔桩成孔设备

D.1　常用正循环回转钻机主要性能

表 D.1　常用正循环回转钻机主要性能

钻机型号	钻孔直径/mm	钻孔深度/m	转盘扭矩 kN·m	提升能力/kN		动力功率 kW	钻机质量 kg
				主卷扬	副卷扬		
GPS-10	400～1 200	50	8.0	29.4	19.6	37	8 400
SPJ-300	500	300	7.0	29.4	29.6	60	6 500
SPC-600	500	600	11.5	—	—	75	23 900
红星-300	560	300	11.5	20.0	5.0	40	9 000
红星-400	650	400	13.2	29.4	10.0	40	9 700

D.2　常用大口径工程钻机主要性能

表 D.2　常用大口径工程钻机主要性能

钻机型号	钻孔直径/mm	钻孔深度/m	钻杆直径/mm	转盘最大扭矩 (kN·m)	主卷扬提升力 kN	动力功率/kW
GJC-40H	500～1 500	300～400	89	6.4	29.4	40
GJD-1500	1 500	50	180	39.2	392	—
QJ-250	2 500	100	—	27.4	—	—
BDM-1	1 250	40	120	12.2	200	14/24
BDM-2	2 500	40	219	29.4	200	18/28
GPS-15	1 500	100	—	20.0	30	30
GPS-18	1 800	100	—	26.0	30	37

D.3　冲击式钻机主要性能

表 D.3　冲击式钻机主要性能

钻机型号	钻孔直径 mm	成孔深度 m	最大冲程 mm	钻具质量 kg	卷扬提升力 kN	主机质量 t	动力功率 kW
CZ-22	700	150	1 000	1 300	20	7.0	28
CZ-30	1 000	180	1 000	2 500	30	12.0	40
CZ-6B	400～2 000	300～500	—	3 000	47	—	40
YKC-22	700	150	1 000	1 300	—	—	20
YKC-20	600	120	1 000	1 000	—	—	20
YKC-30	800～1 300	50～400	1 000	2 500	—	—	40

D.4 适用于冲抓机的双筒卷扬机性能

表 D.4 适用于冲抓机的双筒卷扬机性能

型号	外形尺寸 长×宽×高 (m×m×m)	牵引力 kN	动力机		卷扬		钢绳/mm	质量/t
			功率 kW	转速 (r/min)	直径×长 (mm×mm)	容绳量 m		
55 kW 卷扬	4.41×2.95×2.13	50	60	725	550×850	500	26.0	
50 kN 双筒卷扬	2.80×2.15×1.40	50	40	720	425×650	500	26.0	6.0
22 kW 双筒卷扬	2.55×1.74×1.20	30	22	970	320×500	300	19.5	3.0
30 kN 双筒卷扬	2.71×1.84×1.65	30	28	965	350×500	300	19.5	2.8
22 A 双筒卷扬	3.08×1.68×1.97	20 23	20	1 450	300×620	300 650	15.5	—
22 C 双筒卷扬	3.08×1.68×1.97	2.5 0.6	20	1 450	250×620	300 650	15.5 9.9	—

D.5 旋挖机主要性能

表 D.5 旋挖机主要性能

钻机型号	发动机功率 kW	动力头扭矩 (kN·m)	主卷扬提拔力 kN	副卷扬提拔力 kN	最大钻深 m	最大孔径 mm	工作质量 t
TRM140	192	140	150	76	40～50	1 600	45
TRM200	224	200	200	90	45～60	2 000	65
SD10－Ⅰ	125	100	140	50	40	1 400	40
SD10－Ⅱ	125	100	140	50	50	1 400	48
FR618	194	180	165	80	55	1 500	55
FR626	250	250	250	100	70	2 500	69
SR220Ⅱ	250	250	240	110	70	2 300	71
SR220C	250	250	240	110	67	2 300	70
TR250D	250	261	240	110	80	2 500	73

附　录　E
（规范性附录）
混凝土抗压强度评定

评定水泥混凝土抗压强度的试件为边长 15 cm 的立方体，标准养护 28 d。

E.1　挖孔桩混凝土试件制取组数规定

a）桩截面短边边长≤1.2 m 时，取 1 组；
b）桩截面短边边长为 1.2 m～1.6 m 时，取 2 组；
c）桩截面短边边长为 1.6 m～2.0 m 时，取 3 组；
d）桩截面短边边长＞2.0 m 时，取 4 组及以上。

E.2　钻孔桩混凝土试件制取组数规定

a）桩直径≤1.2 m 时，取 1 组；
b）桩直径为 1.2 m～2.0 m 时，取 2 组；
c）桩直径＞2.0 m 时，取 3 组。

E.3　混凝土抗压强度的合格标准

a）试件≥10 组时，应以数理统计方法按下述条件评定：

$$R_n - K_1 S_n \geq 0.9R \quad \text{(E.1)}$$

$$R_{\min} \geq K_2 R \quad \text{(E.2)}$$

式中：
n——同批混凝土试件组数，单位为组；
R_n——同批几组试件强度的平均值，单位为兆帕[斯卡]（MPa）；
S_n——同批几组试件强度的标准差，单位为兆帕[斯卡]（MPa），当 $S_n < 0.06R$ 时，取 $S_n = 0.06R$；
R——混凝土设计强度等级（或标号），单位为兆帕[斯卡]（MPa）；
$R_{\min}$——n 组试件中强度最低一组的值，单位为兆帕[斯卡]（MPa）；
K_1、K_2——合格判定系数，见表 E.1。

表 E.1　K_1、K_2 取值表

n/组	10～14	15～24	≥25
K_1	1.70	1.65	1.60
K_2	0.90	0.85	

b）试件少于 10 组时，可用非统计方法按下述条件进行评定：

$$R_n \geq 1.15R \quad \text{(E.3)}$$

$$R_{\min} \geq 0.95R \quad \text{(E.4)}$$

附　录　F
(规范性附录)
抗滑桩声波透射检测方法

F.1　适用范围

本方法适用于已预埋声测管的抗滑桩桩身完整性检测，判定桩身缺陷的程度并确定其位置，应符合《建筑基桩检测技术规范》(JGJ 106—2014)的规定。

F.2　声测管埋设

a)　声测管宜为内径 50 mm～60 mm 的无缝钢管。

b)　声测管应下端封闭、上端加盖、管内无异物；宜采用套筒焊接，管口应高出桩顶 100 mm 以上，且各声测管管口高度宜一致。

c)　应采取适宜方法固定声测管，使之成桩后相互平行。

d)　声测管布置如图 F.1 所示。

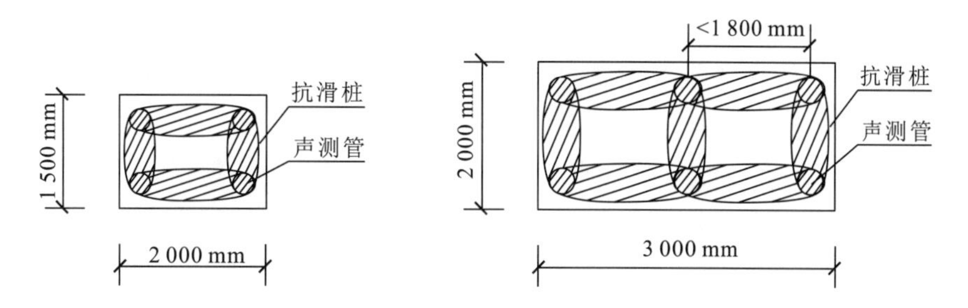

图 F.1　声测管布置图

F.3　现场检测

a)　检测前准备工作应符合下列规定：

1)　采用标定法确定仪器系统延迟时间；

2)　计算声测管及耦合水层声时修正值；

3)　在桩顶测量相应声测管外壁间净距离；

4)　将各声测管内注满清水，检查声测管畅通情况，换能器应能在全程范围内正常升降。

b)　检测步骤应符合下列规定：

1)　将发射与接收声波换能器通过深度标志分别置于两根声测管中的测点处；

2)　发射与接收声波换能器应以相同标高(图 F.2a)或保持固定高差(图 F.2b)同步升降，测点间距不应大于 250 mm；

3)　实时显示和记录接收信号的时程曲线，读取声时、首波峰值和周期值，宜同时显示频谱曲线及主频值；

4)　将多根声测管以两根为一个检测剖面进行全组合，分别对所有检测剖面完成检测；

5)　在桩身质量可疑的测点周围，应采用加密测点，或采用斜测(图 F.2b)、扇形扫测(图 F.2c)进行复测，进一步确定桩身缺陷的位置和范围；

6)　在同一检测剖面的检测过程中，声波发射电压和仪器设置参数应保持不变。

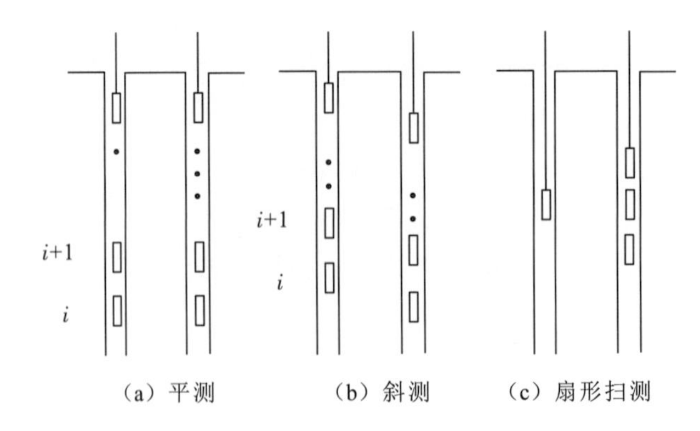

图 F.2　平测、斜测和扇形扫测示意图

注：图中 i 表示第 i 个检测点位置，$i+1$ 表示第 $i+1$ 个检测点位置

F.4　桩身完整性判定

a) 当测点声速低于声速临界值时可判定为异常；

b) 当声速值普遍偏低且离散性很小时，最低声速低于声速低限值(由预留同条件混凝土试件的抗压强度与声速对比的试验结果，并结合本地区的实际经验确定)时，可直接判定为声速低于低限值异常；

c) 当测点波幅小于波幅平均值减去 6 时，可判定为异常；

d) 当 PSD 值在某深度处突变，结合波幅变化情况，可进行异常点判定；

e) 当采用信号主频值作为辅助异常点判据时，主频-深度曲线上主频值明显降低可判定为异常；

f) 桩身完整性类别应结合桩身混凝土各声学参数临界值、PSD 判据、混凝土声速低限值以及桩身质量可疑点加密测试(包括斜测或扇形扫测)后确定的缺陷范围，按表 F 的特征进行综合判定。

表 F　桩身完整性判定

类别	特征
Ⅰ	①所有声测线声学参数无异常，接收波形正常；②存在声学参数轻微异常、波形轻微畸变的异常声测线，异常声测线在任一检测剖面的任一区段内纵向不连续分布，且在任意深度横向分布的数量小于检测剖面数量的 50%
Ⅱ	①存在声学参数轻微异常、波形轻微畸变的异常声测线，异常声测线在一个或多个检测剖面的一个或多个区段内纵向连续分布，或在一个或多个深度横向分布的数量大于或等于检测剖面数量的 50%；②存在声学参数明显异常、波形明显畸变的异常声测线，异常声测线在任一检测剖面的任一区段内纵向不连续分布，且在任一深度横向分布的数量小于检测剖面数量的 50%
Ⅲ	①存在声学参数明显异常、波形明显畸变的异常声测线，异常声测线在一个或多个检测剖面的一个或多个区段内纵向连续分布，但在任一深度横向分布的数量小于检测剖面数量的 50%；②存在声学参数明显异常、波形明显畸变的异常声测线，异常声测线在任一检测剖面的任一区段内纵向不连续分布，但在一个或多个深度横向分布的数量大于或等于检测剖面数量的 50%；③存在声学参数严重异常、波形严重畸变或声速低于低限值的异常声测线，异常声测线在任一检测剖面的任一区段内纵向不连续分布，且在任一深度横向分布的数量小于检测剖面数量的 50%
Ⅳ	①存在声学参数明显异常、波形明显畸变的异常声测线，异常声测线在一个或多个检测剖面的一个或多个区段内纵向连续分布，且在一个或多个深度横向分布的数量大于或等于检测剖面数量的 50%；②存在声学参数严重异常、波形严重畸变或声速低于低限值的异常声测线，异常声测线在一个或多个检测剖面的一个或多个区段内纵向连续分布，或在一个或多个深度横向分布的数量大于或等于检测剖面数量的 50%
注：完整性类别由Ⅳ类往Ⅰ类依次判定	

中国地质灾害防治工程行业协会团体标准

抗滑桩施工技术规程

T/CAGHP 004—2018

条 文 说 明

目　次

1　范围

滑坡是我国主要地质灾害之一，抗滑桩是滑坡治理工程中经常采用的一种工程措施。本标准规定了人工挖孔桩、钻孔桩、微型桩3种桩型的施工技术及要求。

2　规范性引用文件

规范性引用文件未标注年代号的，注意引用最新版本。

4　基本规定

4.1　抗滑桩作为滑坡治理的一种有效措施，具有抗滑能力强、施工灵活简便的优点，现已广泛应用于滑坡防治及边坡治理工程中。由于滑坡形成条件与成因机制复杂，不确定性影响因素多。目前，抗滑桩防治工程多为隐蔽性工程且是一项非标准化工程。为确保抗滑桩治理工程施工质量，做到技术可行、安全可靠、经济合理，特制定地质灾害抗滑桩工程施工技术规程，指导抗滑桩工程施工。

4.2　本条文主要是针对滑坡勘查和治理工程设计成果提出的要求，抗滑桩工程施工是在滑坡勘查及设计基础上进行，只有在查清滑坡的地质环境条件、熟悉防治对象和防治手段的情况下，才能确保施工达到预期效果。

4.3　设计交底的目的是设计单位介绍设计意图，达到设计目的所采取的方法和手段，以及施工中的关键技术和重点注意事项，确保施工质量。图纸会审是施工单位拿到设计图纸后，主要是针对图纸质询设计单位，另外，还可指出设计单位的图纸中错漏或不符合相关规范规程的内容，要求设计单位进行纠正。因此，设计交底和图纸会审都是非常重要的开工前的技术准备工作，该项工作做得扎实，是保证施工顺利进行的前提条件。在进行图纸会审之前，施工单位应充分阅读勘查和设计文件，充分理解设计意图，对每一张设计图纸应做到清楚明白。对图纸上不清楚的、错漏的、不符合相关规范要求的，要一一记录，以便在图纸会审会上提出，由设计单位解释并修改完善。图纸会审纪要也是设计文件的一部分。

4.4　施工组织设计是指导抗滑桩施工的重要技术文件，应合理可行。施工组织设计经施工单位技术负责人审核后报监理工程师审批后实施。在编制施工组织设计前要完成下列工作：

a)　搜集详细的勘查资料、设计资料等；

b)　根据抗滑桩设计和抗滑桩治理工程施工时可能存在的主要问题，确定地质灾害抗滑桩治理工程施工的目的、防治范围和治理后要求达到的各项技术经济指标等；

c)　结合工程情况，了解当地地质灾害防治经验和施工条件。

4.5　根据《建设工程安全生产管理条例》(国务院令第393号)和《危险性较大工程安全专项施工方案编制及专家论证审查办法》(住房和城乡建设部〔2009〕87号)等文件的规定，对达到一定规模的危险性较大的分部、分项工程编制专项施工方案。抗滑桩施工规定开挖深度超过35 m及桩截面大于10 m^2，钻孔桩截面大于2 m^2及深度超过50 m时，爆破工程建议编写专项施工方案。

4.6　当工程具备覆盖、掩盖条件的，施工方应当先进行自检，并做好各种施工和检验记录。自检合格后，在隐蔽工程进行隐蔽前及时通知建设单位及监理单位对隐蔽工程的条件进行检查并监督隐蔽工程的作业。建设单位及监理单位接到通知后,应当在要求的时间内到达隐蔽现场,对隐蔽工程的条件进行检查。检查合格的,建设单位及监理单位在检查记录上签字,方可进行隐蔽施工。

4.7 地质编录应与施工同步,抗滑桩孔应作地质素描图。发现地质情况与原勘查设计不符时,应立即报告勘查设计单位,以便对设计做出调整,使其达到防治效果。

4.11 严格按设计要求组织施工,不得违反相关规定。如抗滑桩施工应分二序、三序或多序跳桩开挖,不能因抢施工进度而一次全面开挖;抗滑桩弃渣应及时清运到指定的位置,不得堆放在抗滑桩孔周边等。一般设计文件中都有明确的安全技术要求,应按规定执行。

4.15 施工监测工作极其重要,应在工程正式施工前进行监测网的布置并进行初始监测,一旦出现异常情况,要立即通知施工人员撤场,待险情排除后方能继续施工。

4.17 滑坡本身就是一个潜在的危害体,地质环境的改变、恶劣的环境气候、地震和其他原因都可诱发滑坡的发生,抗滑桩施工本身就是一个改变地质环境的过程,也有诱发滑坡发生的可能。因此,在进行抗滑桩施工的同时,要加强对当地居民和施工人员的防灾教育,要制定灾害发生时的应急预案,并进行演练。

5 施工准备

5.1 技术准备

5.1.2 在进行现场踏勘时,除了本条规定要求的内容外,还应调查滑坡附近的交通及供水、供电情况,当地主要地材的价格及供应情况,以及与之相联系的当地政府有关部门负责人和联系人。

5.1.4 施工组织设计应做到"三符合":符合设计文件要求,符合施工现场实际,符合合同文件对工程质量、工期进度、安全等要求。地质灾害防治施工组织设计与一般施工组织设计的不同点主要是在安全上有其特殊性,还应有完整的施工监测预警方案。

5.2 现场准备

5.2.1 征地分永久征地和临时征地,永久征地指拟建工程实体占地,临时征地是为满足施工需要的临时占地,包括机械设备操作场地、堆料场、临时用房占地、新修临时道路占地、弃土临时占地、拟建工程周围需适当拓宽的临时占地等。永久征地是在工程完工后由建设单位负责的,但前期包括永久征地和临时征地的青苗赔偿是由施工单位承担的。临时征地是在进行初步测量圈定占地范围后进行的,参与方一般包括当地乡镇、村基层组织、占地涉及农户和施工单位等,一般执行当地政府规定的标准。

5.2.2 治理区域需新修临时道路的,其沿线工程地质调查十分重要。需考虑纵坡坡度、转弯半径等,同时新修道路往往存在切坡,对边坡须进行必要支挡。工程实践中常见有临时道路切坡引发浅层边坡塌滑的事例,多是由于对道路工程地质问题考虑不周或处置不当引发。

5.2.3 对工艺不允许中断的施工,如抗滑桩桩身混凝土浇筑等,需备用发电机组,其功率应满足施工应急要求。另外有些客观情况不具备接外电条件的项目,也只能采用发电机组作为施工电源。

5.2.6 水泥、钢筋应搭设专门棚舍进行堆放。水泥堆放场地应远离水渍区,以免受潮造成损失,底部应设隔离层或采用垫木(板),且应坚实、平整,垛位不得超高。钢筋应当堆放整齐,用方木垫起,不宜放在潮湿场地或暴露在露天,避免受雨淋。

5.2.8 临时设施建设以方便施工为原则,并满足安全文明施工的要求。

5.2.12 进场材料需见证取样送检,送检合格才能使用。

5.2.13 弃渣如果处理不当，会引起次生地质灾害。一般情况下，设计单位会根据实际情况设计弃渣场。但有些情况不允许在地质灾害体附近设置弃渣场，需要将弃渣运至场外较远的地方堆放，这时就要注意弃渣场的选择，是否会引起次生地质灾害的发生，必要时，还应进行弃渣场的设计。

5.3 测量定位

5.3.1 测量基准点一般由建设单位或勘查单位向施工单位移交，施工单位对移交的控制点应用仪器进行测量复核，此条强调不少于3点，是出于判断测量数据是否闭合的需要。对于建设单位移交的控制点要办理移交手续，双方应在移交的文件上签字。

5.3.4 测量控制网的基准点应设置在地质灾害体范围外，并要求地势开阔、稳定。

5.3.7 成孔以后应对桩身尺寸、孔底标高、桩位中线、孔壁垂直度进行测量。做好施工记录，办理隐蔽工程验收手续。

6 挖孔桩桩孔开挖

6.1 一般规定

6.1.1～6.1.4 人工开挖桩孔，护壁支护应根据设计要求及该地区的岩土特点、地下水分布情况，进行孔壁支护的施工。开挖前场地应完成“三通一平”。地上、地下的电缆、管线、旧建筑物、设备基础等障碍物均已排除处理完毕。各项临时设施，如照明、动力、通风、安全设施准备就绪。熟悉施工图纸及水文地质资料。按抗滑桩平面图设置桩位轴线、定位点，桩孔四周撒灰线，测定高程水准点。放线工序完成后，办理预检手续。开挖过程中做好编录备案并及时与建设单位、设计单位反映出入较大的地方，特别注意开挖后地下水的情况和滑带确认。

6.1.7 人工挖孔操作的安全至关重要，开挖前应对施工人员进行全面的安全技术交底；操作前验证吊具合格证并进行安全可靠的检查和试验，确保施工安全。

6.1.11 施工中可采取稳定滑坡的措施，首先清顺滑体坡面，铲除陡坡及陡坎壁，填塞裂缝。如有可能，根据设计需要，先在滑体范围外周边修圈形截水沟减少地表水下渗；其次在抗滑桩施工范围大致整平地面，靠山一侧刷出宽度不小于2 m的平台，另一侧如系弃渣或松散滑体，即应填平夯实，避免对桩产生侧压；最后进行桩孔开挖，视滑坡变形情况及滑体土石结构和地下水等，确定跳挖次序。

6.1.14～6.1.18 挖孔桩施工条件艰苦，施工环境不确定因素较多，有一定的危险性。在施工中应严格按程序操作，加强安全生产管理。

挖孔桩提升机架臂长应能使提升桶居孔中部的规定，是因施工经常发生提升桶提升时，如靠边太近，容易挂住护壁；如果上面操作工不知情、反应不及时或操作不当进行强拉，将可能发生拉翻孔口提升机，造成坠孔砸人事故。

桩孔开挖装料提升时，装料斗经常旋转，若装料不均匀或过满，可能产生侧翻或掉块，造成砸人事故。

桩孔内钢筋制作安装施工人员及混凝土振动棒手操作相当于在高空作业，戴安全帽、挂安全绳是基本要求。

地下施工可能导致施工人员缺氧，以及遭受CO、CO_2、NO、NO_2、CH_4及瓦斯等有毒、有害气体伤害，所以通风排尘是必须的。

考虑孔底作业面狭小，施工易产生相互干扰，从安全角度出发，孔底施工不宜超过2人。

6.2 锁口圈梁及护壁施工

6.2.1 挖孔桩孔口应设置锁口圈梁，桩孔位于土层和风化破碎的岩层时宜设置护壁，一般锁口圈梁和护壁混凝土强度等级宜为C20。

6.2.3 按设计测定桩位进行施工放样，放样时要根据工地具体情况和施工可能发生的误差，每边较设计尺寸略大一些（一般为5 cm），然后整平孔口场地。

6.2.4 每次下孔应对已做护壁进行检查，无变形开裂时，才能进行下模桩孔开挖。第一节孔圈护壁中心线与设计轴线的偏差不得大于20 mm，孔圈顶面应高出地面200 mm。若遇塌孔，采取在塌方处砌砖外模，配适量直径 ϕ8@150钢筋，再支内模浇筑混凝土护壁。混凝土护壁在一般土层中每节高度1.0 m～1.5 m；在软弱松散土层中每节高度0.5 m～0.8 m。每节护壁必须连续浇筑密实，土层渗水过大时应用速凝剂。护壁模板可在混凝土浇筑24 h后拆除。

6.2.8 根据地质条件，护壁可采用现浇钢筋混凝土或喷射素混凝土等方法。桩孔10 m内不存放大堆材料，弃渣亦应在30 m以外，产生振动大的机械应设在50 m以外。每节护壁均应在当日连续施工完毕，护壁模板的拆除宜在24 h之后进行。

6.2.10 每节桩孔护壁做好以后，应将桩位十字轴线和标高测设在护壁的上口，然后用十字线对中，吊线坠向孔底，以尺杆检查孔壁的垂直平整度。随之进行修整，孔深必须以基准点为依据，逐根进行引测，保证桩孔轴线位置、标高、截面尺寸满足设计要求。

6.2.12 桩孔壁土压力计算可参照：5 m以上按照朗肯土压力理论计算，5 m以下按照5 m位置处的土压力计算。

6.4 岩层开挖

6.4.1 岩石地层开挖采用爆破法施工时，应采取有效措施避免爆破对周边建（构）筑物的震害。当地质条件复杂、爆破对周边建（构）筑物的震害较严重时，宜部分或全部采用人工开挖方案。

6.4.7 爆破影响区有建（构）筑物时，爆破产生的地面质点震动速度，对土坯房、毛石房屋不应大于10 mm/s，对一般砖房、非大型砌块建筑不应大于30 mm/s，对钢筋混凝土结构房屋不应大于50 mm/s。特别对重要的建（构）筑物或地层稳定性较差区段，爆破震动效应宜通过试爆试验确定。

6.4.11 水磨钻开挖法是采用水磨钻、风镐破碎开挖，分节进行，每节施工深度为0.6 m，及时采用通风措施，保证孔内作业人员的安全，孔内通风采用专用鼓风机，由孔底将孔内空气向上吹，与地面空气形成对流。此外，当开挖的岩层不稳定时，设置护壁支护，护壁钢筋布置、厚度除按设计要求外，还应考虑水磨钻开挖增加的工作面通过护壁进行调整，以保证设计桩径。

6.4.12～6.4.14 水磨钻钻孔施工一般步骤：

a) 钻取孔桩四周岩石：沿桩基孔壁布置取芯点，芯点中心位于设计内径基线上，取芯直径为130 mm～160 mm，取出的岩芯高约600 mm，孔壁岩芯取完后中间岩体便形成一个环形临空面；

b) 钻取中间岩石：沿桩半径钻取岩芯，将桩芯岩体分成3等份，每份占桩芯岩体的1/3，以便于岩体破裂；

c) 风镐打孔：用风镐在岩体上钻眼，再将桩岩石分成6等份；

d) 插入钢楔，击打钢楔分裂岩石：在沿桩基径向风镐钻出的孔内打入钢楔，用大锤锤击钢楔使岩体获得一个水平的冲击力，在水平冲击力作用下岩石沿铅垂面被拉裂，底部会发生水平剪切破裂，依次分裂岩体，直至该层岩体全部破裂；

e) 人工装渣，提升机架出渣：一次单循环施工作用后，将水磨钻钻出的岩芯进行依次出渣，出渣从桩孔的一侧进行，然后插入钢楔，击打钢楔分裂岩石后再进行一次出渣；

f) 桩孔修正及下一循环的施工：由于水磨钻钻芯后桩基孔壁成锯齿状，为保证有效桩径，要敲掉侵占桩基空间的岩石锯齿。通过锁口护壁在桩孔内标出设计桩中心，检查桩孔底部偏位情况并及时纠偏。

6.5 桩孔地下水排降

6.5.3、6.5.4 当地下水量不大时，边挖边将泥水用提升桶运出。地下渗水量较大时，提升桶已满足不了排水，先在桩孔底挖集水坑，用高程水泵抽水，边抽水边挖土，水泵的规格按抽水量确定，应连续抽水。地下水位较高时，应先采用统一降水的措施，再进行开挖。

6.6 质量检验

6.6.3 在浇筑混凝土前，应严格按照有关施工质量要求对成孔的中心位置、孔深、孔径、垂直度等进行认真检查，并填写相应的质量检查记录。

7 挖孔桩钢筋制作安装

7.1 一般规定

7.1.1 各种钢筋长度，根据设计图中构件的外形尺寸、混凝土保护层、构造长度、弯钩等规定和钢筋的制作弯曲变化进行尺寸计算。

7.1.3 钢筋见证取样和送检的比例不得低于有关技术标准中的规定，并应符合以下规定：

a) 见证人员应由建设单位或监理单位具备建筑施工试验知识的专业技术人员担任，并应由建设单位或监理单位书面通知施工单位、检测单位和负责该工程的质量监督机构。

b) 在施工过程中，见证人员应按照见证取样和送检计划，对施工现场的取样和送检进行见证，取样人员应在试样或其包装上做出标识、封志。标识和封志应标明工程名称、取样部位、取样日期、样品名称和样品数量，并由见证人员和取样人员签字。见证人员应作见证记录，并将见证记录归入施工技术档案。见证人员和取样人员应对试样的代表性和真实性负责。

c) 见证取样送检时，应由送检单位填写委托单，委托单应有见证人员和送检人员签字。检测单位应检查委托单及试样上的标识和封志，确认无误后方可进行检测。

7.1.5 新采购进场的钢筋表面洁净的不用除锈。钢筋锈少时采用钢丝刷、锤敲击除锈；钢筋锈的量多时，ϕ12 以下的钢筋可在调直过程中除锈，ϕ14 及以上的钢筋可采用电动除锈机除锈。

在除锈过程中发现钢筋表面的氧化铁皮鳞落现象严重并已损伤钢筋截面，或在除锈后钢筋表面有严重的麻坑、斑点伤蚀截面时，应降级使用或剔除不用。

7.2 钢筋制作

7.2.2 制作钢筋的场地，平面布置符合施工总平面图的要求，交通道路满足钢筋进场要求，并能满足钢筋制作、成品堆放的要求；地面为混凝土或进行硬化处理的地面，且排水良好、无积水。

7.2.3 冷拔钢丝和冷轧带肋钢筋经调直机调直后，其抗拉强度一般要降低 10%～15%。使用前应加强检验，按调直后的抗拉强度选用。如果钢丝抗拉强度降低过大，则可适当降低调直筒的转速和调直块的压紧程度。

采用卷扬机等冷拉方法进行钢筋调直时，HPB300 级钢筋的冷拉率不应大于 4%，HRB335 级、HRB400 级及 RRB400 级冷拉率不应大于 1%。

7.3 钢筋安装

7.3.1 钢筋连接工程开始前及施工过程中，应对每批进场钢筋进行工艺检验。工艺检验合格后，方可在工程上进行钢筋直螺纹连接操作。钢筋焊接施工按《钢筋焊接及验收规范》(JGJ 18—2012)和设计要求执行，焊工应持证上岗，使用的焊机、焊条均应符合加工质量要求。

7.3.6～7.3.8 挖孔桩为大截面的地下钢筋混凝土构件，与一般钢筋混凝土构件有所不同，因此参照《铁路桥涵混凝土设计规范》(TB 10092—2017)和《混凝土结构设计规范》(GB 50010—2010)在构造细节上作了一些具体的规定：

a) 参照《铁路桥涵混凝土设计规范》(TB 10092—2017)对钻(挖)孔桩的要求，规定挖孔桩纵向受力钢筋的直径不小于 16 mm，净距不宜小于 12 cm，困难情况下不得小于 8 cm，并规定受力主筋的保护层不应小于 5 cm；

b) 《混凝土结构设计规范》(GB 50010—2010)规定，当柱子各边纵向受力钢筋多于 3 根时，应放置附加钢筋；考虑到挖孔桩为地下结构，桩身一般在十几米以上，工人必须在坑内上下作业，不宜设置过多的箍筋肢数，因此，规定不宜采用多于 4 肢的封闭箍筋，并允许每箍筋在一行上所箍的受拉筋不受限制；

c) 为使钢筋骨架有足够的刚度和便于人工作业，对箍筋和纵向分布钢筋的最小直径作了一定限制。

d) 为使桩截面的四周形成钢筋网，以提高混凝土抗剪能力，本条文对箍筋和纵向分布钢筋的最大间距作了一定的限制。

7.3.10 挖孔桩的钢筋笼在孔内绑扎安装，用提升机架将焊接好的竖向钢筋吊入孔内，再放箍筋，由下向上绑扎，边绑扎边校正，钢筋笼与护壁间采用短钢筋焊接在竖向主筋上，留出保护层位置，支撑在护壁上。若孔内渗水量过大时，应采取措施排干积水。

钢筋保护层厚度建议为 70 mm，其一是参照了地铁工程的地下工程的保护层厚度；其二基于挖孔桩是受弯构件，易于产生裂缝，要求较大的保护层厚度；其三挖孔桩使用年限应更久。

7.3.13 预应力筋进场时，应按现行国家标准《预应力混凝土用钢绞线》(GB/T 5224—2014)等的规定抽取试件作力学性能检验，其质量必须符合有关标准的规定。检查数量：按进场的批次和产品的抽样检验方案确定。检验方法：检查产品合格证、出厂检验报告和进场复验报告。

预应力筋用锚具、夹具和连接器应按设计要求采用，其性能应符合现行国家标准《预应力筋用锚具、夹具和连接器》(GB/T 14370—2015)等的规定。

7.4 质量检验

7.4.1、7.4.2 外观质量检验的质量要求、抽样数量、检验方法、合格标准以及螺纹接头所必需的最小拧紧力矩值由各类型接头的技术规程确定。

7.4.3 钢筋焊接接头外观检查时，首先应由焊工对所焊接头或制品进行自检；然后由施工单位专业质量检查员检验；监理(建设)单位进行验收记录。

钢筋焊接接头力学性能检验时，应在接头外观检查合格后随机抽取试件进行试验。试验方法应按现行行业标准《钢筋焊接接头试验方法标准》(JGJ/T 27—2014)的有关规定执行。

8 挖孔桩混凝土浇筑

8.1 一般规定

8.1.3、8.1.4 砂采用本地砂，含泥量不大于5%。粗细骨料的质量应符合国家现行标准《普通混凝土用砂、石质量标准及检验方法标准》(JGJ 52—2006)的规定。粗细骨料进场复检按照同产地同规格分批，用大型工具(如火车、货船或汽车)运输的，以400 m^3或600 t为一验收批；用小型工具(如马车、人力车等)运输的，以200 m^3或300 t为一验收批；不足上述数量者以一验收批论。

8.1.10 混凝土配比应按行业标准《普通混凝土配合比设计规程》(JGJ 55—2011)的有关规定，根据混凝土强度等级、耐久性和工作性等要求进行配合比设计。混凝土拌制前，应测定砂、石含水率并根据测试结果调整材料用量，提出施工配合比。检查数量：每工作班检查一次。检验方法：检查含水率测试结果和施工配合比通知单。

8.2 混凝土浇筑

8.2.7 在浇筑混凝土前，桩底必须清理干净，不得有积水和其他杂物。每根桩混凝土连续浇筑，不得留置施工缝，混凝土采用振捣棒加以振捣，注意插入间距、深度、顺序，混凝土按300 mm～500 mm厚分层浇筑，分层振捣；混凝土的振捣要做到“快插慢拔”，插点要均匀排列，振捣上一层时要插入下一层50 mm以上，且应连续分层浇筑捣实，每层浇筑高度不大于0.5 m，直至浇筑至桩顶为止。

8.2.10 混凝土浇筑到桩顶时，桩顶标高符合设计要求。

8.2.15 桩身混凝土的强度等级必须符合设计要求。主要检查施工记录及试件强度试验报告。用于检查桩身混凝土强度的试件，应在混凝土的浇筑地点随机抽取。取样与试件留置参照下列规定：

a) 每拌制100盘且不超过100 m^3的同配合比的混凝土，取样不得少于一次；
b) 每工作班拌制的同一配合比的混凝土不足100盘时，取样不得少于一次；
c) 当一次连续浇筑超过1 000 m^3时，同一配合比的混凝土每200 m^3取样不得少于一次；
d) 每次取样应至少留置一组标准养护试件，同条件养护试件的留置组数应根据实际需要确定。

8.2.16 挖孔桩混凝土养护应按施工技术方案及时采取有效的养护措施，并应符合下列规定：

a) 应在浇筑完毕后的12 h以内对混凝土加以覆盖并保湿养护；
b) 混凝土浇水养护的时间：对采用硅酸盐水泥、普通硅酸盐水泥或矿渣硅酸盐水泥拌制的混凝土，不得少于7 d；对掺用缓凝型外加剂或有抗渗要求的混凝土，不得少于14 d；
c) 浇水次数应能保持混凝土处于湿润状态，混凝土养护用水应与拌制用水相同。

8.3 桩间挡土板施工

8.3.5 采用钢模板与木模板结合，安装前先对模板进行表面处理，采用组合钢管及木方支撑。模板安装好后，必须对模板平直情况予以检查校正，而后进行紧固，组装完毕应再一次抄平。以保证浇筑混凝土的位置、几何尺寸和形状符合相关要求。钢管扣件支撑固定，模板及支撑必须具备足够的强度和稳定性，施工前模板支撑详图及施工步骤须经现场技术负责人复核认可。

8.3.7 考虑桩间挡土板的模板加固及挡土板与桩身的连接，在人工挖孔桩的每节护壁施工时，应在挡土板侧打入预埋对拉螺杆和连接筋，端头与桩芯钢筋焊接固定，桩芯施工完毕后凿开护壁，找出预埋筋并拉直。

8.4 质量检验

8.4.4 检测前受检桩应符合下列规定：

a) 采用低应变法检测时，受检桩混凝土强度应超过设计强度的70%，且不小于15 MPa；

b) 桩头的材质、强度、截面尺寸应与桩身基本等同；

c) 桩顶面应平整、密实、水平；

d) 桩侧混凝土垫层不应影响测试信号的分析。

8.4.5 混凝土抗压芯样试件应按以下规定截取：

a) 当桩长为10 m～30 m时，每孔截取3组芯样；当桩长小于10 m时，可取2组；当桩长大于30 m时，不少于4组。上部芯样位置距桩顶不大于1倍桩径或1 m，下部芯样位置距桩底不大于1倍桩径或1 m，中间芯样宜等间距截取；

b) 缺陷位置必须截取一组芯样进行混凝土抗压试验。

9 钻孔桩及微型桩成孔

9.1 一般规定

9.1.1 施工前必须做好场地地质、周边管线及地下构筑物等的调查和资料收集工作。同时根据设计桩径、钻孔深度、土层情况综合确定钻孔机具及施工工艺，对人、机、料进行合理配置，编制切实可行的施工组织设计以便指导施工。在此特别强调以下几点：

a) 成孔设备的选择直接关系到钻孔桩能否顺利成孔，决定了工程施工进度；

b) 定位放线是施工准备中重要的技术工作，是控制工程质量的第一道工序，应严格按相关程序进行检查和验收，确保准确无误；

c) 成孔设备的进场检查和验收是确保施工安全的一个重要环节，不得使用不合格机械。

9.1.4 微型桩施工工艺流程和一般钻孔桩施工工艺流程的区别如图1与图2所示。

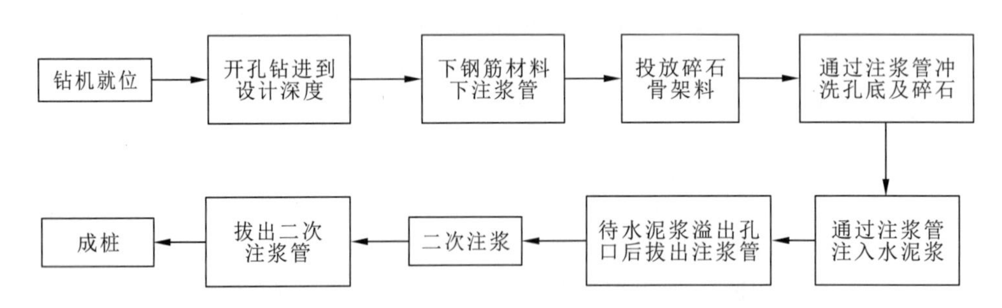

图1 $\phi<300$ mm 微型桩施工工艺流程图

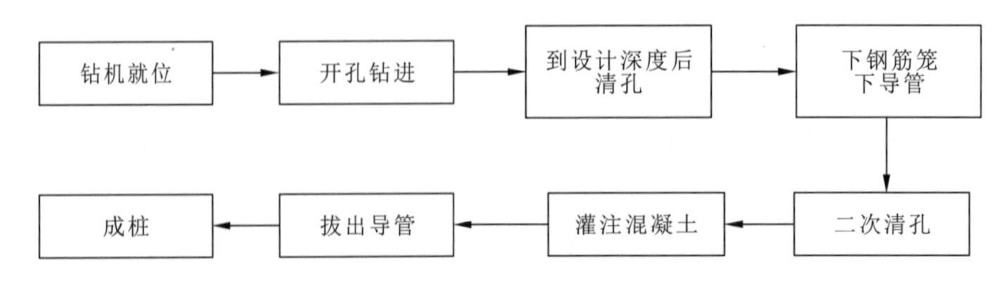

图2 $\phi>600$ mm 钻孔桩施工工艺流程图

9.1.8 泥浆护壁应符合下列规定：

a) 施工期间护筒内的泥浆面应高出地下水位 1.0 m 以上，在受水位涨落影响时，泥浆面应高出最高水位 1.5 m 以上；

b) 在清孔过程中，应不断置换泥浆，直至灌注水下混凝土；

c) 在容易产生泥浆渗漏的土层中应采取维持孔壁稳定的措施。

9.2 回转钻进成孔

9.2.1 正循环回转钻进成孔适用于黏性土、粉土、砂类土及风化岩层、碎石含量少于 20%的土层中。反循环回转钻进成孔适用于黏性土、粉土、砂类土及风化岩层中。当在卵石层中钻进时，卵石粒径不得超过钻杆内径的 2/3。

9.3 冲击钻进成孔

9.3.1 冲孔桩成孔设备应符合下列要求：

a) 钻具必须连接紧固，钢丝绳总负荷不得超过主卷扬机的提升能力；

b) 钢丝绳与钻具采用活心或活环连接时，必须连接牢固、钢丝绳转动灵活；

c) 采用法兰连接的钻具，连接的凹凸面应吻合，连接螺栓用双螺母加弹簧垫圈拧紧；

d) 抽筒活门应开启灵活，关闭紧密，加焊肋骨均匀、对称。

9.3.5 冲击钻进技术参数宜按表 1 取值。

表 1 冲击钻进参数取值表

<table>
<tr><th>钻头类型</th><th>适用地层</th><th>单位钻头刃长的钻具重力/(N/cm)</th><th>冲击高度
m</th><th>冲击次数
(次/min)</th><th>回次进尺
m</th><th>施工要点</th></tr>
<tr><td>圆形钻头</td><td>5 级以下基岩</td><td>250～300</td><td rowspan="2">0.75～1.00</td><td rowspan="4">40～50</td><td>0.2～0.4</td><td>勤提钻、勤捞渣、减少重复破碎、经常检查钻头连接是否牢靠</td></tr>
<tr><td>一字、十字、工字钻头</td><td>卵石层、漂石层、胶结层</td><td>150～250</td><td>0.3～0.5</td><td>注意修整孔壁，保持桩孔圆直</td></tr>
<tr><td rowspan="2">抽筒或肋骨抽筒</td><td>土质、砂质地层</td><td>100～150</td><td>0.50～0.75</td><td>0.5～1.0</td><td>勤放绳、放短绳，回次进尺不宜超过抽筒高度的1/3或筒身高度的 1/2</td></tr>
<tr><td>砾石、卵石、漂石地层</td><td>100～200</td><td>0.75～1.00</td><td>0.4～1.0</td><td>经常检查活门工作情况，大于活门内径的卵石、漂石先用钻头冲碎再行捞取</td></tr>
</table>

9.4 旋挖钻进成孔

9.4.1 旋挖钻成孔施工前应根据不同的地层情况及地下水位埋深，采用干作业成孔或泥浆护壁成孔工艺。泥浆护壁成孔旋挖钻机应配备成孔和清孔用泥浆及泥浆池(箱)，在容易产生泥浆渗漏的土层中可采取提高泥浆相对密度、掺入锯末、掺入增黏剂提高泥浆黏度等维持孔壁稳定的措施。

9.4.2 旋挖钻机重量较大、机架较高、设备较昂贵，保证其安全作业很重要。

9.4.5 旋挖钻机施工时，应保证机械稳定、安全作业，必要时可在场地辅设能保证其安全的钢板或垫层(路基板)。钻杆保持垂直稳固，位置准确，防止因钻杆晃动扩大孔径。

9.4.9 旋挖钻机成孔，孔底沉渣(虚土)厚度较难控制，目前积累的工程经验表明，采用旋挖钻进成孔时,应采用清孔钻头进行清渣清孔。

9.5 微型桩成孔

9.5.1 风动潜孔锤钻进是首选的钻进工艺,主要是为了消除冲洗液钻探用水对滑坡的影响。水是滑坡滑动的润滑剂,如果钻孔施工过程中有大量的水渗入滑坡的滑带中,极易造成滑坡滑移,故强调采用风动潜孔锤钻进工艺。另外,滑坡多发生于山坡地区,水源本身就相对缺乏,使用风动潜孔锤钻进工艺可解决缺水问题,实现无水钻进。但风动潜孔锤钻进的缺点是设备动力大,钻进成本也相对较高,不能规定必须用风动潜孔锤钻进,也可采用冲洗液回转钻进,但前提条件是要使用优质泥浆钻进,采用优质泥浆可减少冲洗介质的漏失量,减少钻进用水对滑坡的影响,特别是黏粒含量较多的土质滑坡,采用优质泥浆的冲洗液回转钻进技术是可行的。

9.5.5 钻孔时,泥浆相对密度不宜小于1.18,清孔后泥浆相对密度不宜小于1.12。

10 钻孔桩及微型桩成桩

10.2 钻孔桩钢筋制作安装

10.2.1 制好后的钢筋笼必须放在平整、干燥的场地上。存放时在加劲筋与地面接触处垫上等高的木方,以免粘上泥土。每组骨架的各节要排好次序,挂牌,不得混杂存放。存放时骨架还要注意防雨、防锈。

10.3 钻孔桩混凝土灌注

10.3.3 水下混凝土的配合比应符合下列规定:

a) 坍落度宜在18 cm～22 cm;水泥用量不少于360 kg/m^3;

b) 水下混凝土的含砂率宜为40%～50%,并宜选用中粗砂;粗骨料的最大粒径应小于40 mm,有条件时应采用连续级配;

c) 水下混凝土宜掺外加剂,初凝时间应大于单桩浇筑时间。

10.3.5 导管是完成水下混凝土灌注的工具,导管能否满足工程使用上的要求,对工程质量和施工速度关系甚大。双螺纹方扣快速接头较传统法兰式接头拆装操作更方便快捷,具有起拔阻力小、密封性好、不易钩挂钢筋笼的优点。导管使用前应在地面试装,并用木球模拟通过试验和压水试验,检查有无漏水缝隙。导管使用时,孔口以上应保证有一节导管与灌注漏斗相接,其高度一般不宜少于3 m,以利于导管的拆除,并使导管内的混凝土有足够的压力将导管内的混凝土顺利压入孔中。

10.3.6～10.3.11 开始灌注时,导管底部至孔底距离宜为300 mm～500 mm是为了使隔水栓能顺利排出,同时导管越接近孔底对沉渣的冲浮作用也更大,对避免桩端夹渣,保证桩身混凝土质量有好处。

导管一次埋入混凝土灌注面以下不应小于0.8 m。初灌量的大小应经过严格计算,应有足够的混凝土储备量(初灌量),同时,切忌混凝土坍落度过大或过小、离析或过稠,以确保混凝土下灌快速,返浆有力。

测量导管埋深应指定专人,避免和减少人为误差。在拆导管时一般需将待拆导管的下节导管上口通过卡管器固定在灌浆平台上,测量人员在计算拆管后的导管埋置深度时,要考虑到正常灌注状态(灌注漏斗下放)和拆管状态(导管上提)不同导致的提拔导管的长度等因素,以免发生将导管提出混凝土灌注面而断桩的事故。

10.4 钻孔桩后压浆

10.4.2 注浆装置随钢筋笼一起置于孔内，下笼过程中应保护压注器不受损坏。

10.4.3 每道桩侧注浆对应设置一根桩侧注浆管。

10.4.7～10.4.10 根据地质条件及土层渗透系数确定合理的注浆参数。注浆参数包括浆液配比、终止注浆压力、流量、注浆量等。后压浆应符合下列要求：

a） 浆液的水灰比值应根据土的饱和度、渗透性确定，对于饱和土宜为0.45～0.65；对于非饱和土宜为0.7～0.9(松散碎石土、砂砾宜为0.5～0.6)。

b） 注浆终止时，注浆压力应根据土层性质及注浆点深度确定，对于风化岩、非饱和黏性土及粉土，注浆压力宜为2 MPa～20 MPa；对于饱和土层宜为1.2 MPa～4 MPa，软土取低值，密实黏性土取高值；

c） 注浆流量控制在20 L/min～50 L/min；

d） 单桩注浆量的设计应根据桩径、桩长、桩侧土层性质、桩周土抗剪强度增幅及是否复式注浆等因素确定，可按下式估算：

$$G_c = a_s n d$$

式中：

a_s——为桩侧注浆量经验系数，a_s为2.0～4.0；对于卵石、砾石、中粗砂取较高值；

n——桩侧注浆断面数；

d——基桩设计直径，单位为米(m)；

G_c——注浆量，以水泥重量计，单位为吨(t)。

对独立单桩、桩距大于$6d$的群桩和群桩初始注浆的数根基桩的注浆量应将上述估算结果乘以1.2的系数。

10.4.11、10.4.12 后压浆作业开始前，宜进行试注浆，选择2根或3根进行试注浆，验证注浆参数符合设计要求后，才能正式后压浆施工。

后压浆质量控制采用注浆量和注浆压力双控方法，以注浆量控制为主，注浆压力控制为辅。当满足下列条件之一时可终止注浆：

a） 注浆总量和注浆压力均达到设计要求。

b） 注浆总量已达到设计值的75%，且注浆压力超过设计值的1.2倍。

c） 水泥压入量达到设计值的75%，泵送压力不足表中预定压力的75%时，应调小水灰比，继续压浆至满足预定压力。

d） 若水泥浆从桩侧溢出，应调小水灰比，改间歇注浆至注浆量满足预定值。

桩侧压浆量未达到设计标准，可按其不足量的1.2倍压浆补入。采用间歇注浆的目的是通过一定时间的休止使已压入浆提高抗浆液流失阻力，并通过调整水灰比消除冒浆、串浆等异常现象。

10.5 微型桩成桩

10.5.8 为防止泥浆进入注浆管内，需在管底口用黑胶布或聚乙烯胶布封住，在管底口以上1.0 m范围做成花管形状。

10.5.10 不同浓度的浆液具有不同的性能，稀浆液便于输送，渗透能力强；中等浓度的浆液有填实压密的作用；高浓度浆液对于已经注入的浆液有脱水作用。在实际注浆时，一般先用稀浆液，然后再用中浓度的浆液，最后用高浓度的浆液。必要时可掺入适量的外加剂以改善浆液的性能，提高注浆效率。

10.5.11 当注浆压力超过桩周土的上覆土自重压力时，将有可能导致上覆土层的破坏，桩身上抬。因此，注浆压力一般以不使地层结构破坏或发生局部和少量破坏为前提。注浆压力与桩长、桩端土层的性质有关，桩身越长，桩端土强度越高，则所需的注浆压力越大；桩身越短，桩端土层强度越低，所需的注浆压力越小。此外，在不同的阶段，所需要的的注浆压力也不同，注浆开始阶段由于要克服很大的初始阻力，所需的压力较大；平稳注浆过程中，所需的压力较小；注浆结束时，由于浆液已经充满桩身，此时所需要的压力较大。可通过注浆试验结果确定注浆压力。

10.5.12 如果遇软弱土层，可在初次灌浆凝固后再进行二次灌浆，这种补浆措施能大大提高浆土结合物的性能，提高桩的断面面积和承载力，在软弱土层中效果尤佳。

10.6 质量检验

10.6.3 进行钻孔桩检测时应符合下列规定：

a) 采用无破损法进行检测，宜逐根进行检测，用破损法检测时应采用钻取芯样法对10%～30%的(同时不少于2根)桩进行检测，并应钻到桩底0.5 m以下；

b) 对质量有怀疑的桩或因灌注故障处理过的桩，均应进行抽芯检测。

11 施工监测

11.2 施工安全监测一是对滑坡体进行实时监控，包括大地形变监测、地表裂缝监测、滑体深部位移监测、地下水位监测、孔隙水压力监测、地应力监测等内容；二是要对桩孔内有毒有害气体、桩孔锁口圈梁施工、桩孔出渣、爆破施工以及流砂、流泥、涌水、护壁变形等进行安全监测；三是施工可能对周边环境及建筑物产生不良影响时，应对施工过程的振动、水压力、地下管线、建筑物沉降变形进行监测。施工安全监测应与施工同步进行，并制定应急救援预案，当滑坡出现险情，并危及施工人员安全时，应及时通知人员撤离。

防治效果监测应结合施工安全和长期监测进行，以监测抗滑桩工程实施后滑坡体的变形，为工程的竣工验收提供科学依据。防治效果监测时程不应少于1个水文年，数据采集时间时隔宜为3 d～10 d，在外界扰动较大时，如暴雨期间，应加密监测次数。

抗滑桩长期监测包括抗滑桩桩顶位移监测、大地形变监测、地表变形巡视监测、抗滑桩受力监测等。

11.5 应调查、收集被监测工程的岩土工程勘察设计及施工资料，了解施工工艺和施工中可能出现的异常情况等，根据调查结果和监测目的，选择监测方法，制定监测方案。应保持监测资料的连续性和完整性，且前期和施工期的监测设施应尽量保留以备运行期监测使用。

11.6 监测宜根据工程重要性、工程地质情况、处理方法等综合确定，应选择地表、深层结合的多种方法综合验证，并应符合先简后繁、先粗后细、先点后面的原则。

11.12 为观测滑坡及桩体位移情况，在桩体及桩外设置观测点，观测并做好记录。与抗滑桩施工相关的表面变形和位移应采取在边坡上缘至下缘设测点的方法，且要布置在多个监测断面上。建立三角网和水准网，采用大地测量方法对地面观测点进行监测，也可按照GPS法布设及监测。

11.14 在雨季或库水位上升期、骤降期应加密观测。较重要的抗滑桩工程应对滑坡区降雨量和地表汇流量进行监测，并与变形监测成果进行对比分析。

11.15 一般采用固定式钻孔测斜仪监测滑坡的深部水平位移，采用多点位移计监测滑坡深部的垂直位移或钻孔轴向位移，也可根据实际情况选取塑料管-钢棒法、变形井法、应变管法或活动式测斜仪法。

11.27　已经发现并确认的滑坡变形异常，或抗滑桩发生破坏，应向主管部门报告，加密监测次数，必要时增加监测项目，每日巡视。

确认滑坡已经进入渐进破坏过程，应连续监测和巡视，对本地区有关部门发出内部普报，组织滑坡及其下部作业人员撤离；确认滑坡进入加速破坏阶段，应对变形区进行连续远距离监测，向地区内发出公开警报，组织可能影响范围内的人员撤离。

12　环境保护与安全措施

12.1　环境保护措施

12.1.1　抗滑桩工程施工对环境的影响主要包括强噪声、粉尘、污水、弃渣等，坚持"谁施工、谁负责"的原则，明确项目负责人为环境保护第一责任人。

12.1.2　施工前广泛听取各方意见，让周围群众对治理工程过程和结果有必要的知情权和监督权。对可能造成环境重大影响的施工工艺，如爆破、大量弃渣堆放等，进行专门论证和公示，以争取当地民众的支持，便于工程顺利组织实施。

12.1.4　施工中对周边生态环境保护，还应加强对野生动物资源和文物的保护，对野生动物，做到不捕猎不捕捞。发现文物应采取合理措施保护现场，同时将情况报告给建设单位和文物管理部门，执行文物管理部门关于处理文物的指示。

12.1.7　在居民集中或人口密集区，一般晚10点到次日早6点之间应停止强噪声作业。爆破作业应安排在白天进行，尽量采用少药量或延时爆破的作业方式。

12.2　安全措施

12.2.1　项目安全管理机构应健全，落实安全责任制，设有专职安全员，加强安全检查及隐患整改，加强安全教育与宣传。

12.2.8　施工现场临时用电须执行《施工现场临时用电安全技术规范》(JGJ 46—2005)的规定。临时用电应符合下列要求：

a)　临时用电工程的安装、维修和拆除，均应由经过培训并取得上岗证的电工完成，非持证的专业电工不准进行电工作业；

b)　电缆线路采用"三相五线"接线方式，电气设备和电气线路必须绝缘良好，场内架设的电力线路的悬挂高度及线距应符合安全规定，并应架在专用电杆上；

c)　室内配电盘、配电柜要有绝缘垫，并要安装漏电保护装置，各类电气开关和设备的金属外壳均要设接地或接零保护；

d)　检修电气设备时应停电作业，电源箱或开关握柄应挂"有人操作，严禁合闸"的警示牌或设专人看管，必须带电作业时应经有关部门批准；

e)　现场架设的电力线路，不得使用裸导线，临时敷设的电线路不得挂在钢筋模板和脚手架上，必须挂设时要安设绝缘支承物。

12.2.13　特殊工程作业应制定专门的安全施工方案。包括抗滑桩施工中的爆破、大型钢筋笼吊装、超高模板及脚手架等，须制定专项施工安全技术措施，做到有依据、有详图、有说明。

13 质量检测与工程验收

13.1 质量检测

13.1.4 声波透射法能全面准确地检测大截面桩的混凝土质量，而低应变法检测大截面桩的效果不佳。

13.1.5 大直径钻孔桩声波传递有横向尺寸效应，桩径越大，短波长窄脉冲造成响应波形的失真就越严重。当桩径大于 2.0 m 时，低应变的尺寸效应表现明显，低应变法已经难以准确检测桩的缺陷。

13.2 工程验收

13.2.1 抗滑桩治理工程一般是地质灾害治理工程的一部分，工程大小不一，复杂程度各异，实施时应视具体情况进行单位、分部、分项工程划分。本规程对工程施工中的质量检测与验收作一般性规定，检测与验收标准应符合相关地质灾害防治工程质量检测与验收规程的规定。

13.2.2 抗滑桩工程由具备资质的监理单位全过程负责检查、监督工程的施工。重要的中间工程和隐蔽工程直接关系到对地质体的认识或结构的受力，进行验收时要求建设、勘查、设计、施工和监理等单位共同参加确认，抗滑桩工程施工过程中，至少应包括滑带识别与确认、终孔验收、钢筋制作安装、隐蔽工程验收等。

建立施工单位自验与建设方、监理方、勘查设计方和施工方联合检验制度和重大问题的会商制度。严格执行上一道工序施工完毕，经自验和联合检验合格验收后，方能开展下一道工序。

14 抗滑桩维护

14.1 工程维护包括施工期维护及竣工后维护，工程竣工后的维护应由建设单位向指定的工程运行管理单位移交，进行长期专业的维护。

14.2～14.7 工程维护除桩本身的维护外，还包括各类监测工程设施和测量定位点的维护。

附　录　E
（规范性附录）
混凝土抗压强度评定

桩身混凝土取样数量参照了《建筑桩基检测技术规范》(JGJ 106—2014)。
取样位置应有代表性，试块应均匀分布在桩的不同深度。

附　录　F
（规范性附录）
抗滑桩声波透射法检测方法

附录F规定了挖孔桩声波透射法，钻孔桩声波透射法参见《建筑桩基检测技术规范》（JGJ 106—2014）。

F.1　本附录主要针对抗滑桩的特殊性，在现行《建筑桩基检测技术规范》（JGJ 106—2014）规范的基础上对抗滑桩声波透射法检测的相关问题进行了规范。

F.2　抗滑桩是滑坡治理中重要永久结构物，声测管作为声波检测的通道，其使用价值不应该在检测后就完成，对于有长期监测要求的滑坡，应作为永久性的检测通道予以保护，以保证滑坡出现变形后对抗滑桩进行声波透射法前后对比检测分析，对于滑坡治理设计及施工显得更有价值。所以这种情况下要求采用无缝钢管并严格要求采取合适的办法长期保护管口。

PVC管成本低但容易破损，在混凝土浇筑及检测期容易损坏，部分声测管在检测时已经破损，无法完成所有剖面的检测，难以得出全面的检测结论。

F.3　抗滑桩严格控制断桩的出现，平测法可能出现水平断桩的漏判，因此规定采取斜测方式进行检测，同时注意仪器设置声测管距离不应该是桩头两声测管的距离，正确的设置应该是换能器的实际距离。

F.4　新版的《建筑桩基检测技术规范》（JGJ 106—2014）规范充分考虑了多剖面出现异常情况时的判定方法，可以作为抗滑桩的判定标准。抗滑桩是以抵抗水平推力为主要目的的结构体，桩头的局部缺陷或浮浆、桩底的沉渣对其水平作用力的影响不大，应充分理解声波传播特点及规范判定方法的内涵，过分强调桩底而弱化桩身的判定标准不能真正达到保证结构质量控制的目的，造成工程设计、施工的浪费。

同样的缺陷位于抗滑桩的哪个部位对抗滑桩的判定是很重要的，应充分考虑抗滑桩作用机理，准确对桩身完整性进行分类。

抗滑桩截面较大时，会经常出现对角剖面声测管距离大于1 800 mm的情况，此时微小的缺陷都会导致波形严重异常，判定时应充分考虑长边波形衰减较快的特点，避免误判。